中等职业学校公共基础课程配套教学用书

# 信息技术

## 实训教程

## （下册）

主　编　苏东伟　陈　伟

高等教育出版社·北京

内容提要

本书是中等职业学校公共基础课程配套教学用书，依据教育部颁布的《中等职业学校信息技术课程标准》(2020年版)编写，与高等教育出版社出版的《信息技术 基础模块(下册)》(徐维祥主编)配套使用。

本书按照“练中做、做中学”的“练、做、学”相融合的编写理念设计单元任务，每个单元任务设计了“练一练”“做一做”和“探一探”三个模块。

本书各个单元的编写注重学科核心素养的培养，单元中的每个模块都尝试从“信息意识”“数字化学习与创新”“计算思维”“信息社会责任”四个维度培养学生的信息素养。每个单元学习完成后还设计有“单元测验”模块以满足阶段性评价需求。

本书配有学习卡资源，可登录 Abook 网站 http://abook.hep.com.cn/sve 获取相关资源。详细说明见书后“郑重声明”页。

本书适合中等职业学校信息技术公共基础课程教学使用。

图书在版编目（C I P）数据

信息技术实训教程. 下册 / 苏东伟，陈伟主编. -- 北京 : 高等教育出版社，2023.3
ISBN 978-7-04-059977-0

Ⅰ. ①信… Ⅱ. ①苏… ②陈… Ⅲ. ①电子计算机-中等专业学校-教学参考资料 Ⅳ. ①TP3

中国国家版本馆CIP数据核字(2023)第032448号

信息技术实训教程
XINXI JISHU SHIXUN JIAOCHENG

策划编辑 赵美琪　责任编辑 赵美琪　特约编辑 张乐涛　封面设计 姜　磊
版式设计 马　云　责任绘图 邓　超　责任校对 吕红颖　责任印制 刘思涵

出版发行 高等教育出版社
社　　址 北京市西城区德外大街4号
邮政编码 100120
印　　刷 三河市骏杰印刷有限公司
开　　本 787 mm×1092 mm 1/16
印　　张 14.75
字　　数 220千字
购书热线 010-58581118
咨询电话 400-810-0598
网　　址 http://www.hep.edu.cn
　　　　 http://www.hep.com.cn
网上订购 http://www.hepmall.com.cn
　　　　 http://www.hepmall.com
　　　　 http://www.hepmall.cn
版　　次 2023年3月第1版
印　　次 2023年8月第3次印刷
定　　价 29.80元

本书如有缺页、倒页、脱页等质量问题，请到所购图书销售部门联系调换
版权所有　侵权必究
物 料 号 59977-00

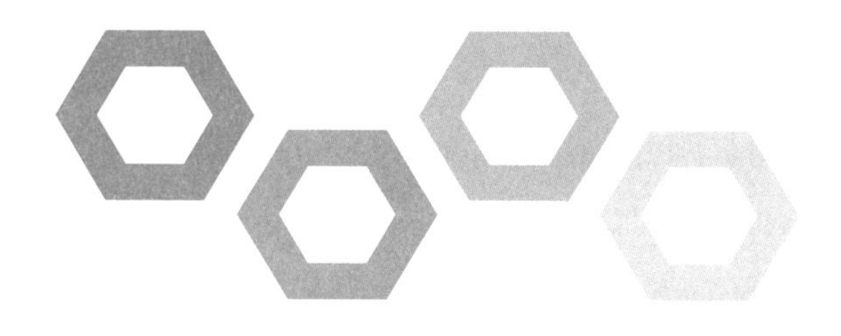

# 前言

本书是中等职业学校公共基础课程配套教学用书，依据教育部颁布的《中等职业学校信息技术课程标准》(2020年版)编写，与高等教育出版社出版的《信息技术 基础模块(下册)》(徐维祥主编)配套使用。

本书从中等职业学校信息技术课程教学的实际出发，关注学生学科核心素养的培养，体现“练中做、做中学”的“练、做、学”相融合的编写理念。

本书共5个单元，每个单元旨在通过若干任务的实训教学达成学习目标，师生可依托“单元测验”进行阶段性评价，学生在巩固各单元所学的同时，逐步养成信息技术学科核心素养。

为丰富实训教学的内容，每个单元任务又设计了“练一练”“做一做”和“探一探”三个模块。

“练一练”在提炼相关知识的基础上以客观题的形式呈现，可用于学生对相关内容预习后的自我测评。该部分尝试从“信息意识”“数字化学习与创新”和“信息社会责任”三个维度落实学科核心素养。

“做一做”是基于情景和问题的相关“任务”或“案例”，该部分以构建“学习支架”为线索，引导学生完成操作步骤、问题讨论等环节的实训，并记录相关学习行为。该模块侧重对学生进行“计算思维”“数字化学习与创新”等核心素养的培养。

“探一探”是课后的拓展性练习，既有探究性任务，也有开放性话题讨论，是对前两个模块的补充和巩固。该模块侧重对学生进行“计算思

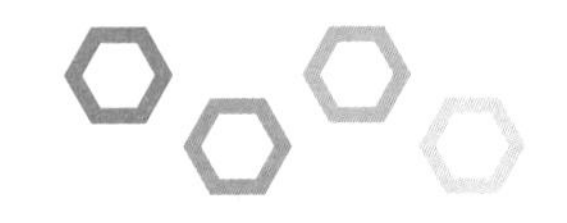

维”“数字化学习与创新”“信息社会责任”等学科核心素养的培养。

本书配有学习卡资源，可登录 Abook 网站 http://abook.hep.com.cn/sve 获取相关资源。详细说明见书后“郑重声明”页。

本书分为上、下两册，由苏东伟、陈伟担任主编。下册包括数据处理、程序设计入门、数字媒体技术应用、信息安全基础和人工智能初步 5 个单元，第 4 单元由俞园园和苏东伟负责编写，第 5 单元由任星羽和陈伟负责编写，第 6 单元由李巧波和陈伟负责编写，第 7 单元和第 8 单元由蔡央央和苏东伟负责编写，陈建军负责全书统稿、审阅。

本书适合中等职业学校信息技术公共基础课程教学使用，既可以配合主教材使用，也可以作为学生开展上机实训的指导教程。

信息技术的发展日新月异，由于编者水平有限，书中难免存在一些疏漏和不足之处，恳请广大师生提出宝贵意见，以便我们修改完善，联系邮箱：zz_dzyj@pub.hep.cn。

编者

2022 年 11 月

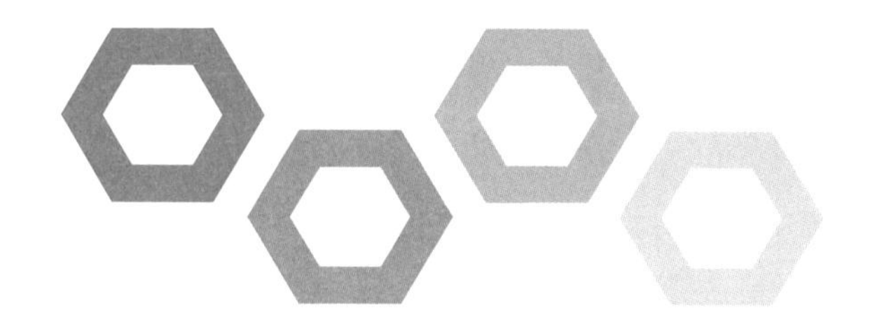

# 目录

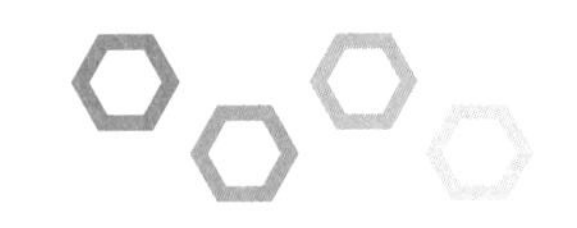

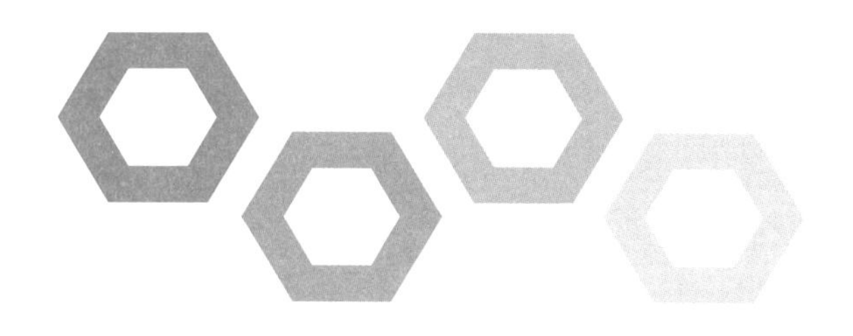

# 第 4 单元　数据处理

## 单元目标

采集数据 ≫≫≫

加工数据 ≫≫≫

分析数据 ≫≫≫

初识大数据 ≫≫≫

4.1　采集数据

4.2　加工数据

4.3　分析数据

4.4　初识大数据

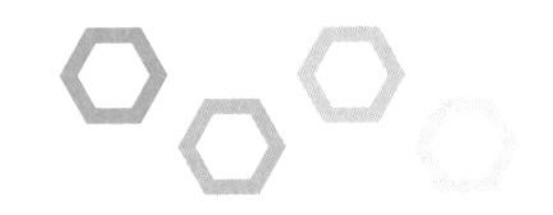

# 4.1 采集数据

【学习目标】

1. 能列举常用数据处理软件的功能和特点。

（1）了解数据的概念；

（2）了解数据常见的呈现形式；

（3）了解数据处理的概念和意义；

（4）能列举常用的数据处理软件，并了解其功能特点。

2. 会在信息平台或文件中输入数据，会导入和引用外部数据，会利用工具软件收集、生成数据。

（1）了解数据采集的类别；

（2）会将文本类数据导入到WPS表格中，形成数据表格；

（3）会用问卷星等平台制作问卷，收集数据，并导入到WPS表格中。

3. 会进行数据的类型转换及格式化处理。

（1）了解常见的数据类型；

（2）会用WPS表格进行数据类型间的格式转换，保证数据的正确性和有效性；

（3）会用WPS表格进行数据的格式化处理，以凸显关键数据。

## 任务1　输入数据

练一练

一、单项选择题

1. 人们通过对客观事物及其相互关系的观察和测量而得到的事实是（　　）。

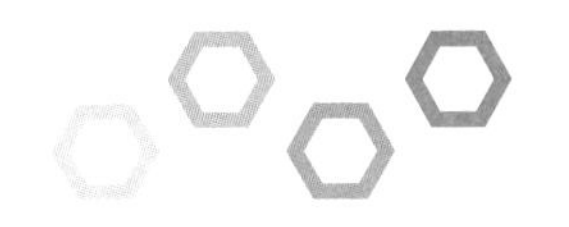



A. 数字　　B. 数据　　C. 信息　　D. 文字

2. 图像、音频、视频等属于（　　）。

A. 结构化数据　　B. 半结构化数据

C. 非结构化数据　　D. 文件系统

3. 数据采集的方式一般分为人工采集和（　　）。

A. 纸质采集　　B. 网络采集

C. 自动化采集　　D. 以上都对

4. WPS 是（　　）公司发行的产品。

A. 微软　　B. 苹果　　C. 金山　　D. 华为

5. Excel 是一款用于（　　）的工具。

A. 画图　　B. 图文混排

C. 上网　　D. 制作图表

6. 以下选项中，不属于数据库软件的是（　　）。

A. MySQL　　B. Access　　C. 云表　　D. GBase

二、填空题

1. 结构化数据通常存储在________或________中。

2. 自动化数据采集主要通过________定时采集数据，自动传输、存储到专用的设备中。

3. 人们可以通过在线处理平台进行数据的分析，方便企业和个人进行________工作，提高工作和生产效率。

4. 将“表头行”“数据行”“数据列”和“数据项”填入图 4-1-1 相应的文本框中。

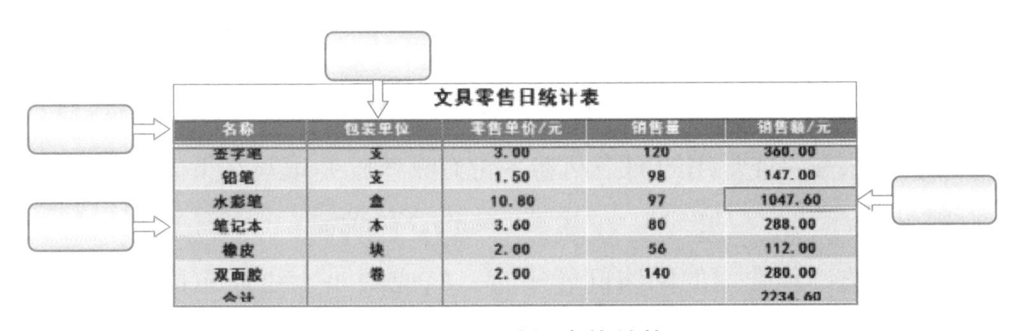

文具零售日统计表

| 名称 | 包装单位 | 零售单价/元 | 销售量 | 销售额/元 |
|---|---|---|---|---|
| 签字笔 | 支 | 3.00 | 120 | 360.00 |
| 铅笔 | 支 | 1.50 | 98 | 147.00 |
| 水彩笔 | 盒 | 10.80 | 97 | 1047.60 |
| 笔记本 | 本 | 3.60 | 80 | 288.00 |
| 橡皮 | 块 | 2.00 | 56 | 112.00 |
| 双面胶 | 卷 | 2.00 | 140 | 280.00 |
| 合计 | | | | 2234.60 |

图 4-1-1　认识表格结构

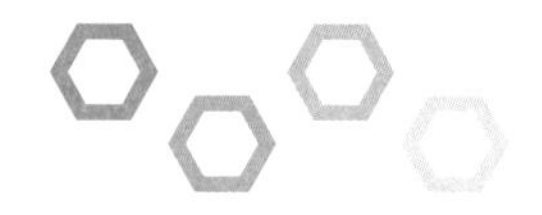

三、判断题（正确的打“√”，错误的打“×”）

（　　）1. 结构化数据适合存储在专用系统中。

（　　）2. 人工采集主要通过键盘、手写板、麦克风等设备把数据输入到计算机或在线平台中。

（　　）3. 问卷星作为网络问卷平台常用于各类数据的采集。

## 做一做

温室效应又称“花房效应”，是指透射阳光的密闭空间由于与外界缺乏热交换而形成的保温效应，即太阳短波辐射透过大气射入地面，地面增暖后放出的长波辐射被大气中的二氧化碳等物质所吸收，从而产生大气变暖的效应。

自工业革命以来，人类向大气中排放的二氧化碳等吸热性强的温室气体逐年增加，大气的温室效应也随之增强，已引起全球气候变暖等一系列极其严重问题。科学家预测，大气中二氧化碳含量每增加 1 倍，全球平均气温将上升 1.5~4.5 ℃。

温室效应和全球气候变暖已经引起了世界各国的普遍关注，减少二氧化碳的排放已经成为大势所趋。

1. 小信是计算机专业的一名学生，想就温室效应进行一个调查，他想到可以采用如下几种方法。请你连一连，将这些采集方法进行归类。

| | |
|---|---|
| ① 设计好问卷，打印并发放给全校同学填写 | |
| ② 利用网络问卷进行调查 | 人工采集 |
| ③ 随机访谈，记录访谈内容，提取数据 | 自动化采集 |
| ④ 利用 Python 爬虫获取数据 | |

2. 通过分析，小信觉得利用网络问卷进行调查最为合适。

（1）请你查一查常用的网络问卷平台有哪些？并填写在下方框中。

①　　　　　　②　　　　　　③　　　　　　④

（2）任选一种常用的网络问卷平台，完成图 4-1-2 所示的“温室效应调查问卷”，并填写正确的操作步骤顺序。

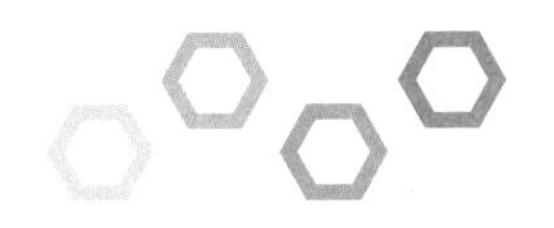

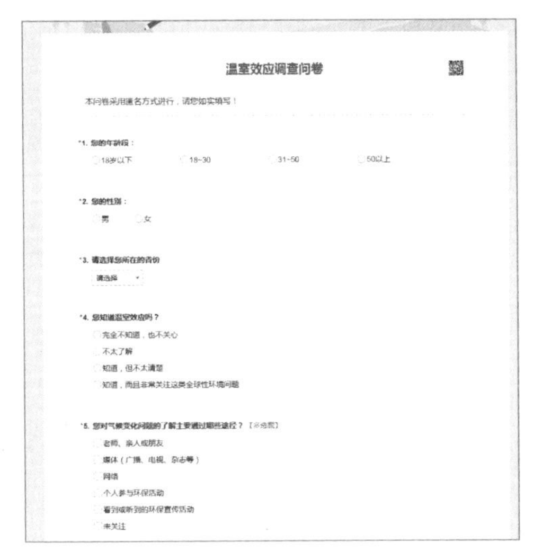

温室效应调查问卷

本问卷采用匿名方式进行，请您如实填写！

*1. 您的年龄段：

18岁以下　18~30　31~50　50以上

*2. 您的性别：

男　女

*3. 请选择您所在的省份

请选择

*4. 您知道温室效应吗？

完全不知道，也不关心

不太了解

知道，但不太清楚

知道，而且非常关注这类全球性环境问题

*5. 您对气候变化问题的了解主要通过哪些途径？［多选题］

老师、亲人或朋友

媒体（广播、电视、杂志等）

网络

个人参与环保活动

看到或听到的环保宣传活动

未关注

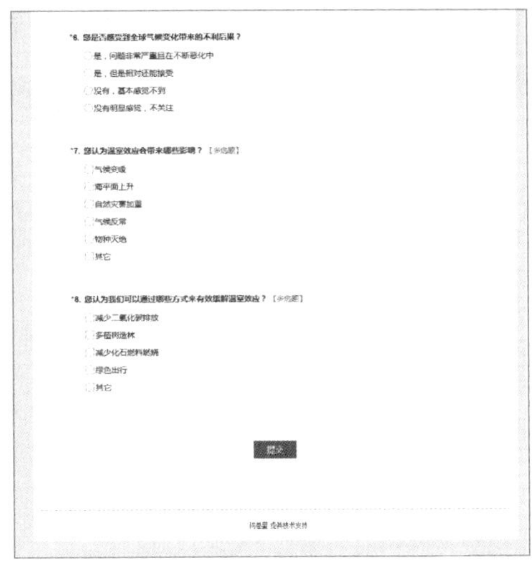

*6. 您是否感觉到全球气候变化带来的不利后果？

是，问题非常严重且在不断恶化中

是，但是相对还能接受

没有，基本感觉不到

没有明显感觉，不关注

*7. 您认为温室效应会带来哪些影响？［多选题］

气候变暖

海平面上升

自然灾害加重

气候反常

物种灭绝

其它

*8. 您认为我们可以通过哪些方式来有效缓解温室效应？［多选题］

减少二氧化碳排放

多植树造林

减少化石燃料燃烧

绿色出行

其它

问卷星 提供技术支持

图 4-1-2　温室效应调查问卷

① 输入问卷说明

② 打开问卷调查平台，注册并登录

③ 选择题型，完成题干和选项的填写

④ 单击“完成编辑”按钮，并发布问卷

⑤ 单击“创建问卷”按钮，新建一份调查问卷

⑥ 输入标题，完成创建

* 正确的操作步骤：______________________

3. 图 4-1-3 所示是“温室效应调查问卷”中的部分答卷数据。

（1）请你用笔圈出“表头行”的位置，以及来源为“链接”的“数据行”位置。

（2）图 4-1-3 中的数据，按结构分类属于哪种结构类型？（请打“√”）

□结构化数据　　　□半结构化数据　　　□非结构化数据

| 序号 | 提交答卷时间 | 来源 | 1. 您的年龄段： | 2. 您的性别： | 3. 请选择您所在的省份 | 4. 您知道温室效应吗？ |
|---|---|---|---|---|---|---|
| 1 | 2022/3/31 14:54:39 | 链接 | 2 | 2 | 1 | 4 |
| 2 | 2022/3/31 14:59:04 | 微信 | 1 | 1 | 1 | 3 |
| 3 | 2022/3/31 15:00:48 | 微信 | 1 | 2 | 1 | 3 |

图 4-1-3　部分答卷数据

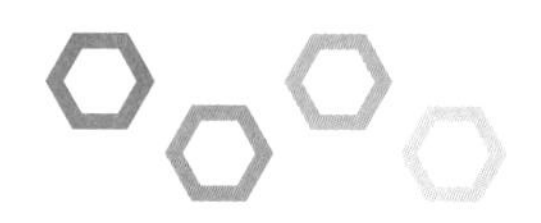

4. 若要完成对上述问卷调查结果的数据处理，通常需要借助专业的软件或平台。请你上网搜索，完善表 4-1-1。

表 4-1-1　常用数据处理软件 / 平台

| 分类 | 软件 / 平台 | 功能特点 |
| --- | --- | --- |
| 电子表格软件 | WPS 表格 | |
| | Excel | |
| 数据库软件 | MySQL | |
| | | |
| | | |
| 在线数据处理平台 | | |
| | | |

## 探一探

1. 选择一种常用电子表格软件，认识其界面，并在图 4-1-4 中填入数字①～⑩。

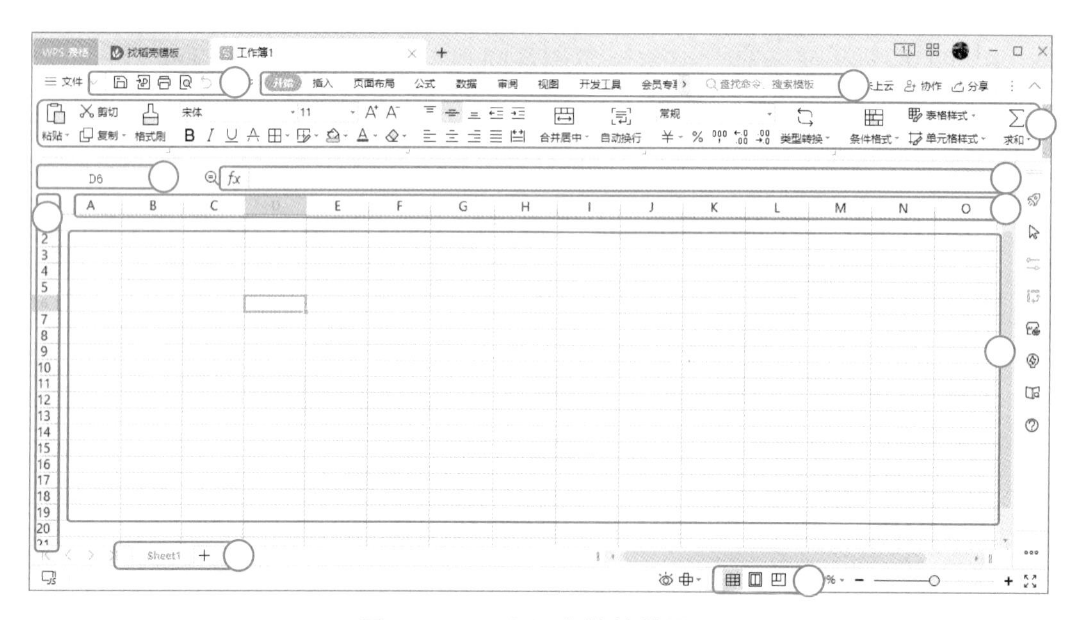


图 4-1-4　电子表格软件界面

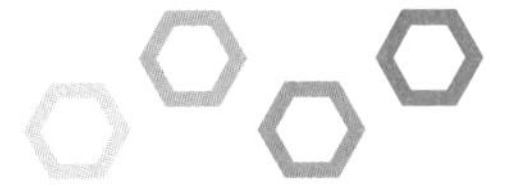



① 行号；　② 列标；　③ 快速访问工具栏；
④ 选项卡；　⑤ 选项卡功能区；　⑥ 名称框；
⑦ 编辑栏；　⑧ 工作区；　⑨ 工作表标签；
⑩ 视图切换区。

2. 上网搜索，了解利用爬虫自动化采集数据的过程，并简要画出其流程示意图。

绘图区

## 任务 2　导入数据

### 练一练

一、单项选择题

1. 电子表格软件（如 Excel）的三要素是（　　）。

A. 工作簿、工作表和单元格

B. 行、列和单元格

C. 工作簿、工作表和数据

D. 行、列和数据

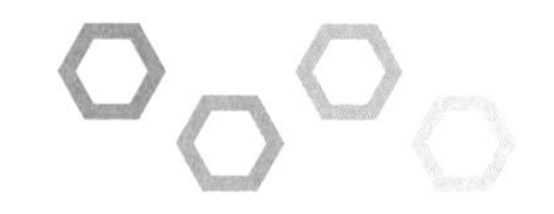

2. 将Word或WPS文字中的表格数据添加到电子表格中，正确的操作是（　　）。

A. 直接粘贴　　B. 选择性粘贴

C. 导入　　D. 手工输入

3. 已知单元格A1的值为“4”，单元格B1的值为“1”，在单元格C1输入公式“= A1 + B1”。若想复制单元格C1的值到单元格D1中，应使用“选择性粘贴”中的（　　）。

A. 全部　　B. 公式

C. 数值　　D. 格式

4. 复制的快捷键是（　　）。

A. Ctrl + C　　B. Ctrl + V

C. Ctrl + S　　D. Ctrl + Shift + V

5. 导入文本文件中的数据时，常被用于分隔的符号是（　　）。

A. Tab键　　B. 分号

C. 空格　　D. 以上都是

二、填空题

1. 不同的软件或平台中，可以通过数据的________和________、________和________实现数据的交换。

2. 从________、________、________、________导入数据到电子表格，是常用的外部数据导入途径。

3. 文本文件是常见的数据交换文件，有________和________两种基本格式。

4. D3单元格指的是第________行和第________列交叉位置上的单元格。

三、判断题（正确的打“√”，错误的打“×”）

（　　）1. 每个电子表格工作簿只能包含三个工作表。

（　　）2. 单元格是电子表格存储数据的最小单位。

（　　）3. 在电子表格软件中导入外部数据时，只能导入文本文件中的数据，不能导入来自网页的表格数据。

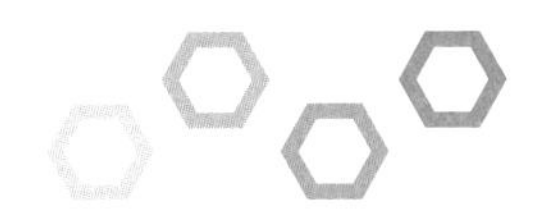



## 做一做

“碳足迹”是指一个人的生活中能源消耗行为对自然界产生的影响，简单地讲就是指个人或企业的“耗碳量”。其中“碳”，就是石油、煤炭、木材等由碳元素构成的自然资源。碳耗用得越多，二氧化碳也制造得越多，“碳足迹”就越大；反之，“碳足迹”就越小。

每个人的生活方式都会直接影响到地球生存。用水、用纸、用电、交通方式、垃圾处理、饮食……这些点点滴滴都与碳排放相关。从身边的每一件小事做起，转变生活方式，节约能源，倡导“低碳”生活。

1. 作为地球的主人，我们应了解自己的“碳足迹”，为减少二氧化碳的排放做出自己的贡献。

（1）请你仔细阅读下列资料，补全表 4-1-2（说明：为便于案例操作，表中“转换系数”为大致参考数据）。

小信是计算机专业的一名学生，他平均每月要购置新衣服 2 件，每天摄取主食 2 碗、肉食 1 盘，每周上网 2 小时。此外，小信是寄宿生，每周回一次家，基本上以乘坐公共交通为主，来回一趟距离大约为 20 千米。每月他还会去一趟奶奶家，乘坐私家车，来回距离为 50 千米。全家每月会外出就餐 2 次，平均每次使用一次性筷子 3 双。

表 4-1-2　小信每月碳排放量记录表

| 类型 | 项目 | 每月用量 | 转换系数 | 转换系数单位 |
|---|---|---|---|---|
| 衣 | 购买新衣服 | | 6.400 | 千克 / 件 |
| 食 | 主食 | | 0.047 | 千克 / 碗 |
| 食 | 肉食 | | 4.100 | 千克 / 盘 |
| 住 | 自来水 | 15 | 0.450 | 千克 / 吨 |
| 住 | 电 | 60 | 1.020 | 千克 / 度 |
| 行 | 公交出行 | | 0.032 | 千克 / 千米 |
| 行 | 私家车 / 出租车 | | 0.240 | 千克 / 千米 |

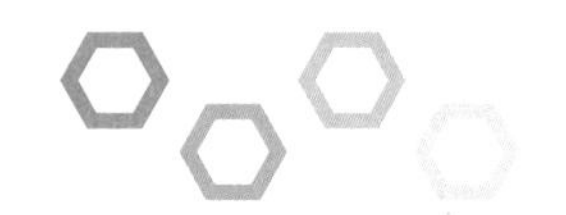

续表

| 类型 | 项目 | 每月用量 | 转换系数 | 转换系数单位 |
|---|---|---|---|---|
| 用 | 一次性筷子 | | 0.020 | 千克 / 双 |
| 用 | 计算机 | | 0.240 | 千克 / 小时 |

（2）打开记事本，将表 4-1-2 中的内容录入到记事本中，保存并回答以下问题。

问题 1：在录入时，同一行的数据你是通过________（Tab 键、分号、逗号、空格等）分隔符进行字符的分隔；

问题 2：录入完成后，保存的文件后缀名为________。

（3）尝试将录入好的数据导入到电子表格软件中，并完成对下列操作步骤的排序。

① 选择“数据”→“获取外部数据”→“自文本”

② 保存工作簿

③ 检查导入的数据是否完整，格式是否正确

④ 选择需要导入的数据文件

⑤ 打开电子表格软件，如 WPS 表格或 Excel

⑥ 按照“文本导入向导”中的步骤提示，依次完成设置

* 正确的操作步骤：____________________

2. 刚才的“碳足迹”记录表中，小信发现缺少了一项很重要的数据——纸的用量。作为一名学生，小信每天要使用大量的纸，而且经常是只使用了一面就丢弃了。小信每天都要用掉近 10 张纸，而每生产一张纸都会产生一定的碳排放。

阅读完以上内容，你有何感想？请你在刚刚的工作表中再增加一行，输入数据：“类型”为“用”，“项目”为“纸”，“每月用量”为“300”，“转换系数单位”为“千克 / 张”。其中，纸的碳排放量转换系数请你自行上网搜索，填入到对应的单元格中并完成如下问题。

问题 1：你输入的方式是________。

① 直接将搜索到的数据手工输入到单元格中；

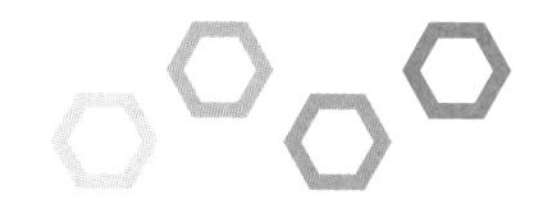



② 利用复制、粘贴功能将网页上的数据粘贴到对应的单元格中。

问题 2：尝试采用上述②中的方法，当你从网页上复制数据时，你发现了什么问题？并思考如何解决？

| 发现的问题:（例如，粘贴过来的数据，字体和表格中的数据存在区别）<br><br><br><br>解决方法:（例如，用“选择性粘贴”命令）<br><br><br><br> |
|---|

探一探

1. 在上述通过文本导入数据的过程中，发现导入的数据格式不正确，思考问题的原因是什么？该如何处理？尝试进行小组讨论，并把讨论结果记录在下框内。

| 格式不正确的原因:（例如，文本文件中数据的字符分隔处理不正确）<br><br><br><br>解决方案:<br><br><br><br> |
|---|

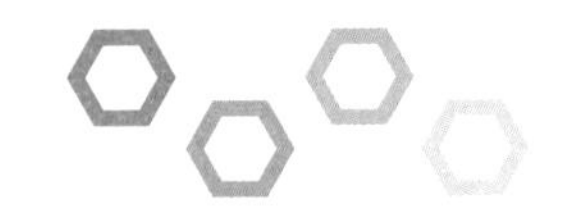

2. 在电子表格软件中，除了可以通过文本导入外部数据，还可以通过哪些方法导入外部数据？（请至少列举 2 个）

方法 1：________________

方法 2：________________

方法 3：________________

3. 尝试导入来自网站的表格数据，并写出具体操作步骤。

步骤 1：打开电子表格软件，如 WPS 表格或 Excel

步骤 2：________________

步骤 3：________________

步骤 4：________________

步骤 5：________________

步骤 6：________________

## 任务 3　格式化数据

### 练一练

一、单项选择题

1. 设置单元格的数字格式为“货币”，小数位数为“2”，当输入数字“41.2”时，显示为（　　）。

A. 41.2　　B. 41.20

C. ￥41.2　　D. ￥41.20

2. 单元格 315 的左上角呈现一个小三角，是因为该单元格中的内容被作为（　　）处理。

A. 数字　　B. 文本

C. 图像　　D. 特殊值

3. 突出显示符合一定条件的单元格，可以设置（　　）。

A. 条件格式　　B. 条件筛选

C. 自动套用格式　　D. 单元格格式

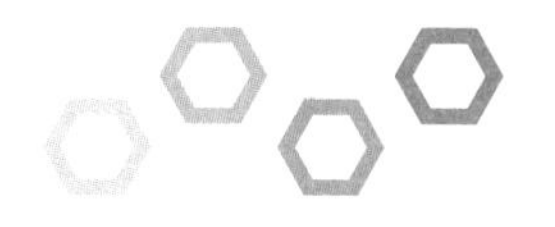



4. 在电子表格中，为了避免输入不在指定范围内的数据，可以设置（　　）。

A. 数据保护　　B. 拼写检查

C. 数据验证（数据有效性）　　D. 数据完整性

二、填空题

1. 单元格的呈现结果由单元格中的________、________及________和________等设置决定。

2. 通过“开始”选项卡中的________按钮，可以自定义设置单元格及内容的显示效果。

3. “设置单元格格式”对话框包括6个选项卡，分别为________、________、________、________、填充（图案）和保护。

三、判断题（正确的打“√”，错误的打“×”）

（　　）1. 在单元格中输入数据时，若想输入文本类型的数据，则可以在输入数字前先输入字符双引号“"”，软件会把输入的数字自动作为文本处理。

（　　）2. 电子表格软件只能通过内置的样式对表格进行样式设置。

（　　）3. 对于已经完成的工作表（簿），为防止表格内容因误操作等被修改，可以通过“保护工作表（簿）”命令，设置密码，实现工作表（簿）的保护。

## 做一做

高老师在信息技术课上无意间看到了小信制作的每月碳排放量记录表，对小信的环保意识进行了表扬，但同时指出小信的表格在数据可读性和辨识度上仍存在较大问题，需要进行格式化处理，实现表格的进一步完善。

请同学们和小信一起来完善表格吧！

一、温故知新

在进行表格美化操作前，首先需要将事先准备好的数据导入到电子表格

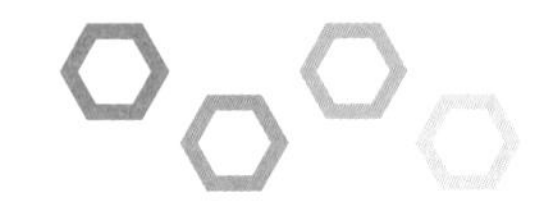

软件中。在导入的过程中，会遇到哪些问题呢？

1. 将素材“4.1.3 碳排放.txt”导入到电子表格软件中，观察导入的数据，对比电子表格软件“转换系数”列中的数据与文本文件“转换系数”列中的数据有何不同？参考示例将图 4–1–5 和图 4–1–6 中其他不同之处圈出来。

4.1.3碳排放.txt - 记事本

文件(F)　编辑(E)　格式(O)　查看(V)　帮助(H)

| 类型 | 项目 | 每月用量 | 转换系数 | 转换系数单位 |
|---|---|---|---|---|
| 衣 | 购买新衣服 | 2 | 6.400 | 千克/件 |
| 食 | 主食 | 60 | 0.047 | 千克/碗 |
| 食 | 肉食 | 30 | 4.100 | 千克/盘 |
| 住 | 自来水 | 15 | 0.450 | 千克/吨 |
| 住 | 电 | 60 | 1.020 | 千克/度 |
| 行 | 公交出行 | 80 | 0.032 | 千克/千米 |
| 行 | 私家车/出租车 | 50 | 0.240 | 千克/千米 |
| 用 | 一次性筷 | 6 | 0.032 | 千克/双 |
| 用 | 计算机 | 8 | 0.240 | 千克/小时 |

图 4–1–5　碳排放数据文本文件

|  | A | B | C | D | E |
|---|---|---|---|---|---|
| 1 | 类型 | 项目 | 每月用量 | 转换系数 | 转换系数单位 |
| 2 | 衣 | 购买新衣服 | 2 | 6.4 | 千克/件 |
| 3 | 食 | 主食 | 60 | 0.047 | 千克/碗 |
| 4 | 食 | 肉食 | 30 | 4.1 | 千克/盘 |
| 5 | 住 | 自来水 | 15 | 0.45 | 千克/吨 |
| 6 | 住 | 电 | 60 | 1.02 | 千克/度 |
| 7 | 行 | 公交出行 | 80 | 0.032 | 千克/千米 |
| 8 | 行 | 私家车/出 | 50 | 0.24 | 千克/千米 |
| 9 | 用 | 一次性筷 | 6 | 0.032 | 千克/双 |
| 10 | 用 | 计算机 | 8 | 0.24 | 千克/小时 |

图 4–1–6　碳排放数据导入电子表格后

2. 总结发现，电子表格软件和文本文件中的“转换系数”列数据主要是在部分数据的________上存在不同。

3. 针对电子表格软件和文本文件中的“转换系数”列数据不同的问题，进行小组讨论，得出解决方案，并完成以下解决步骤的排序。

① 设置小数位数为 3 位

② 选中“转换系数”列

③ 单击“确定”按钮完成设置

④ 在弹出的“单元格格式”对话框中选择“数值”分类

⑤ 右击，在弹出的快捷菜单中选择“设置单元格格式”命令

* 正确的操作步骤：____________________

4. 若要进一步对“转换系数”列中的数据进行设置，则分别应该选

择“单元格格式”对话框中的哪个选项完成设置？请将对应的编号填入图 4-1-7 中。

① 设置垂直条纹填充；② 设置水平居中；③ 设置外边框；④ 设置加粗、下划线。

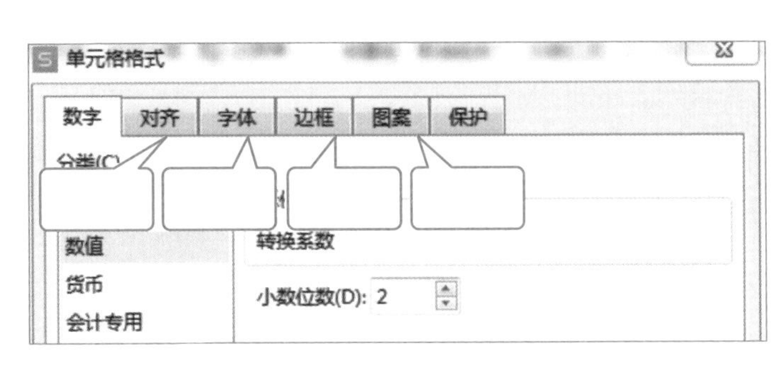


图 4-1-7 “单元格格式”对话框

## 二、自主设计

小信在与高老师交流后，为增强表格的可读性和辨识度，认为可以通过增加标题行、序号列，设置单元格格式等方式实现表格的格式化处理。请同学们一起先来认识一下电子表格软件中常见的数据类型，再根据小信的需求在计算机中打开文档进行相应的设置，设置完成后，再提出你的修改意见，期待大家的设计作品。

1. 文本类型与数值类型辨析。

（1）在单元格中输入数字“01”，观察输入后的结果，发现单元格中呈现的内容为________。

（2）思考：如何才能在单元格中输入数字“01”？输入的“01”数字属于________（文本类型 / 数值类型）数据。

（3）小组讨论：文本类型和数值类型有何区别？分别用在什么情况？请完成下列连线题。

① 身份证号码

② 身高、体重　　　　文本类型数据

③ 不用于数值计算的数字

④ 序号　　　　数值类型数据

⑤ 语文、数学、英语成绩

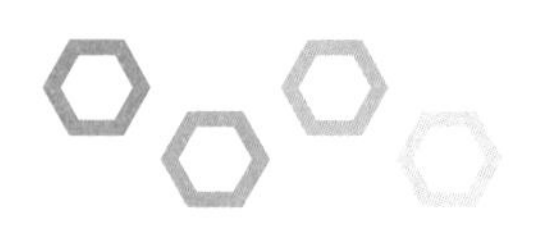

2. 上机操作（上机完成相应操作，并在横线处补充完整）。

（1）添加标题行。

① 打开“小信每月碳排放量记录表.xlsx”，选中第一行，右击，在弹出的快捷菜单中选择“在上方插入行”命令，行数为“1”；

② 在 A1 单元格中输入文本“小信每月碳排放量记录表”。

（2）添加序号列。

① 选中第一列，右击，在弹出的快捷菜单中选择“在左侧插入列”命令，列数为“1”；

② 在 A2 单元格中输入文本“序号”；

③ 在 A3 单元格中先输入符号＿＿＿＿，再输入数字“01”，实现文本类型数据“01”的输入；

④ 选中 A3 单元格，将光标置于 A3 单元格的右下角，出现十字填充柄时，双击完成序号的自动填充。

（3）单元格格式设置。

① 字体设置：标题行文字字体设置为黑体、粗体、18pt、蓝色，请补全图 4-1-8 操作步骤。

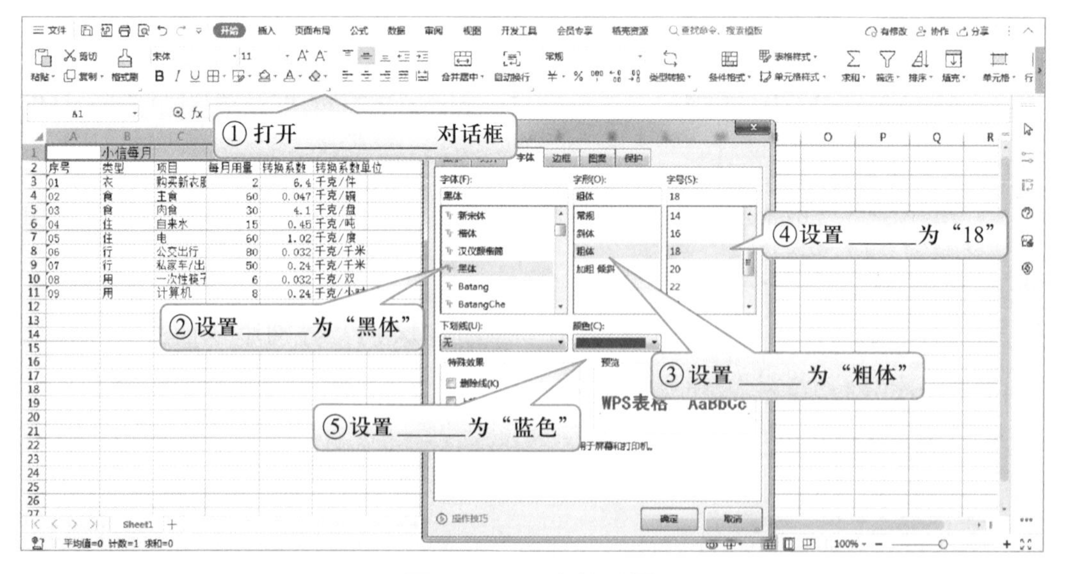


图 4-1-8　字体设置

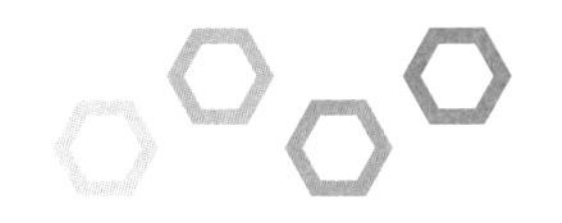



同理，子标题行文字字体设置为黑体、14pt、白色；其余文字字体设置为宋体、12pt。

② 对齐设置：选取单元格区域“A1:F1”，单击“合并居中”按钮；选中其余单元格，设置为垂直居中。

③ 底纹设置：请补全图 4-1-9 操作步骤。

④ 边框设置：请补全图 4-1-10 操作步骤。

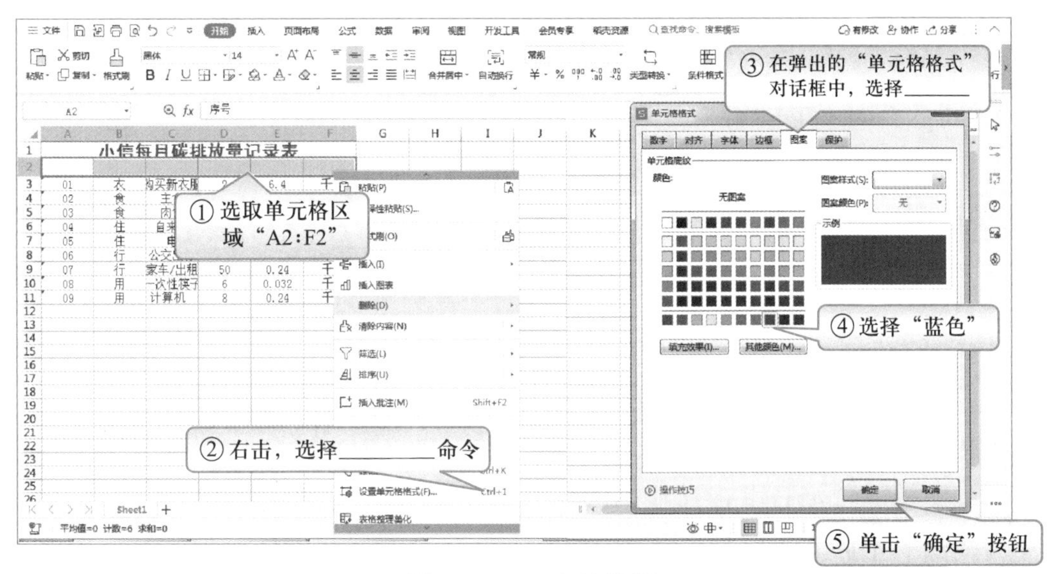


图 4-1-9　底纹设置

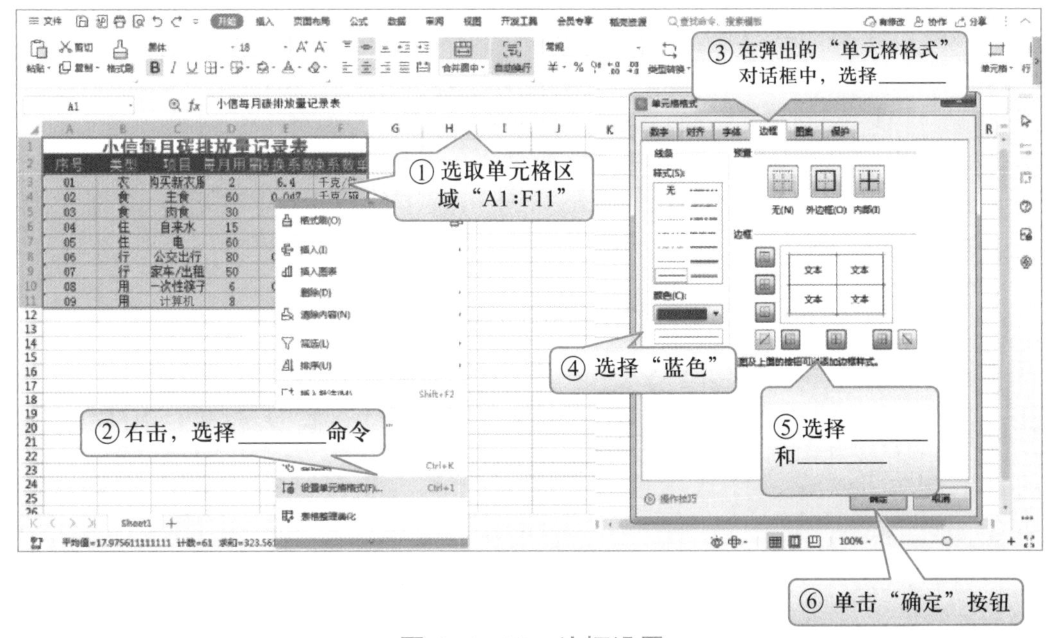


图 4-1-10　边框设置

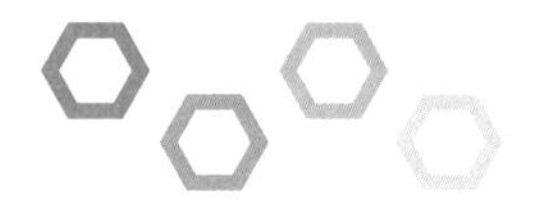

⑤ 数值设置：请补全图 4-1-11 操作步骤。

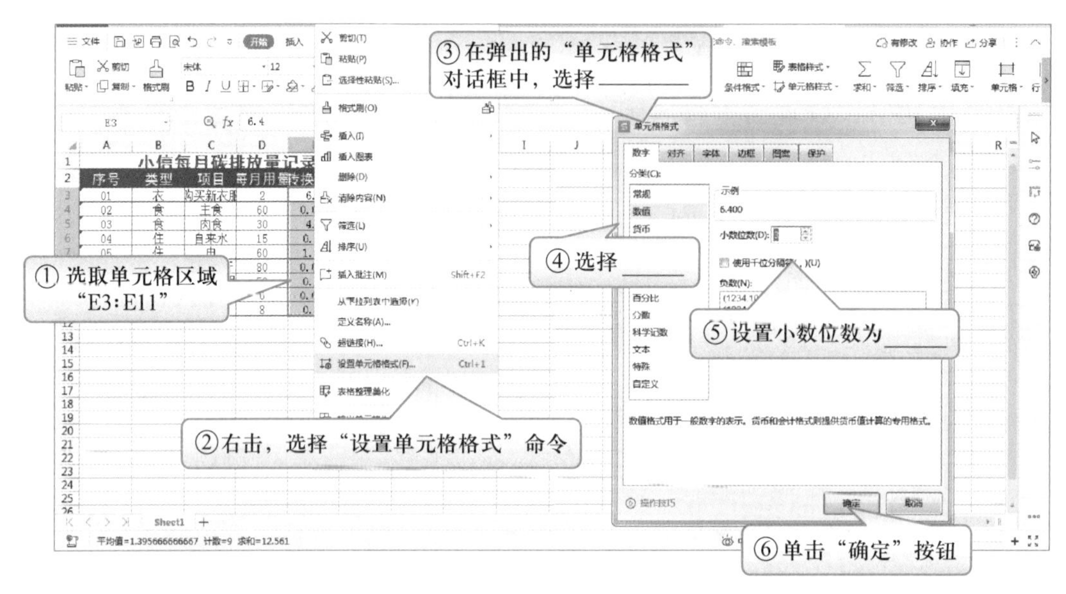


图 4-1-11　数值设置

⑥ 其他：行高列宽设置。

选中第一行，右击，在弹出的快捷菜单中选择“最适合的行高”命令；

选取“A:F”列，右击，在弹出的快捷菜单中选择“最适合的列宽”命令。

思考：如果要设置固定列宽，又该如何操作呢？请将操作步骤写在如下横线上。

______________________________

（4）设置条件格式：突出显示每月用量大于 50 的单元格，请补全图 4-1-12 操作步骤。

（5）完成图 4-1-13 单元格 / 表格样式设置。

在小信还在苦思冥想单元格 / 表格样式如何设计的时候，同桌小王就已经完成了样式的设置，他是怎么做到的呢？原来小王运用了 WPS 内置的单元格 / 表格样式。请你也来试一试，并将操作步骤写在如下横线上。

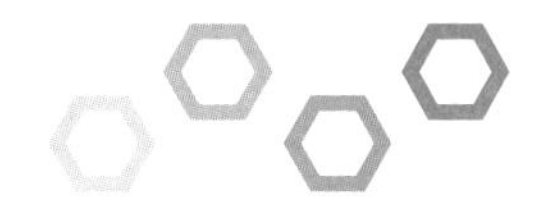



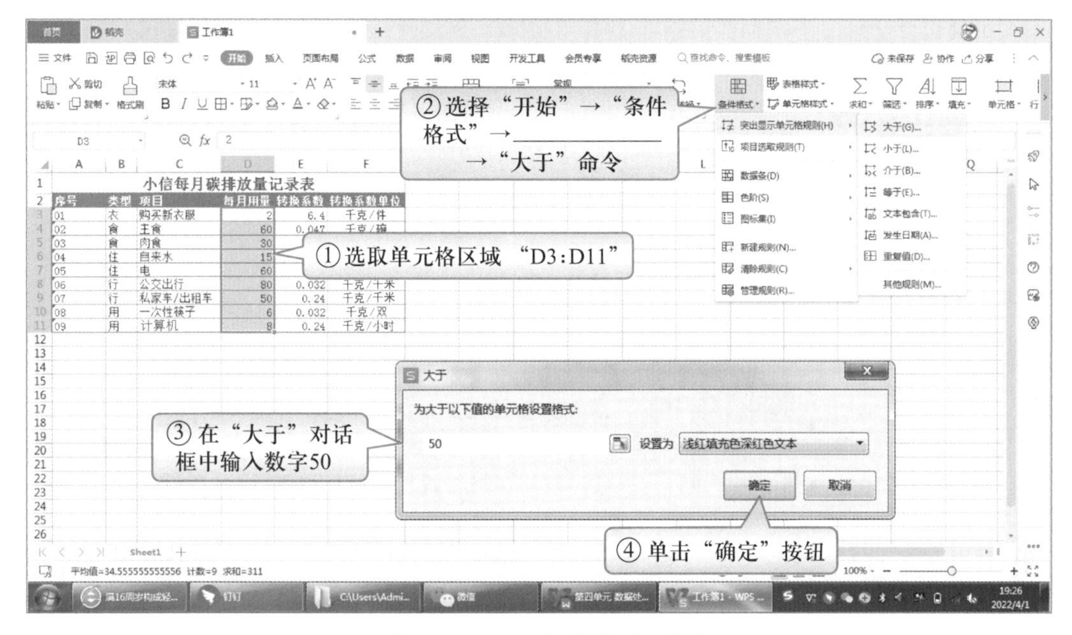


图 4-1-12 条件格式设置

| | A | B | C | D | E | F |
|---|---|---|---|---|---|---|
| 1 | 小信每月碳排放量记录表 | | | | | |
| 2 | 序号 | 类型 | 项目 | 每月用量 | 转换系数 | 转换系数单位 |
| 3 | 01 | 衣 | 购买新衣服 | 2 | 6.400 | 千克/件 |
| 4 | 02 | 食 | 主食 | 60 | 0.047 | 千克/碗 |
| 5 | 03 | 食 | 肉食 | 30 | 4.100 | 千克/盘 |
| 6 | 04 | 住 | 自来水 | 15 | 0.450 | 千克/吨 |
| 7 | 05 | 住 | 电 | 60 | 1.020 | 千克/度 |
| 8 | 06 | 行 | 公交出行 | 80 | 0.032 | 千克/千米 |
| 9 | 07 | 行 | 私家车/出租车 | 50 | 0.240 | 千克/千米 |
| 10 | 08 | 用 | 一次性筷子 | 6 | 0.032 | 千克/双 |
| 11 | 09 | 用 | 计算机 | 8 | 0.240 | 千克/小时 |

图 4-1-13 单元格/表格样式设置

步骤 1：选中标题单元格，单击“开始”菜单中的“单元格样式”下拉按钮，选择“标题 1”样式，完成单元格样式的设置。

步骤 2：________________________________________________________________

________________________________________________________________________

三、举一反三

查看图 4-1-14 所示的 2023 年单页年历，查找 2023 年 5 月 4 日是星期几，并在图中圈出来。

如果答案正确，相信你已经读懂了这张特别的年历，请你也来制作并美化一张有自己风格的单页年历。

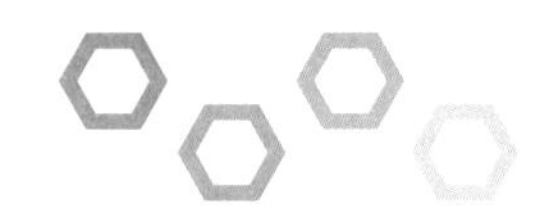

| 2023年单页年历 | | | | | | | | | | | |
|---|---|---|---|---|---|---|---|---|---|---|---|
| 月份 / 星期 / 日期 | | | | | 5月 | | 2月 | 6月 | | 4月 | 1月 |
| | | | | | | 8月 | 3月 | | 9月 | 7月 | |
| | | | | | | | 11月 | | 12月 | | 10月 |
| 1 | 8 | 15 | 22 | 29 | 一 | 二 | 三 | 四 | 五 | 六 | 日 |
| 2 | 9 | 16 | 23 | 30 | 二 | 三 | 四 | 五 | 六 | 日 | 一 |
| 3 | 10 | 17 | 24 | 31 | 三 | 四 | 五 | 六 | 日 | 一 | 二 |
| 4 | 11 | 18 | 25 | | 四 | 五 | 六 | 日 | 一 | 二 | 三 |
| 5 | 12 | 19 | 26 | | 五 | 六 | 日 | 一 | 二 | 三 | 四 |
| 6 | 13 | 20 | 27 | | 六 | 日 | 一 | 二 | 三 | 四 | 五 |
| 7 | 14 | 21 | 28 | | 日 | 一 | 二 | 三 | 四 | 五 | 六 |

图 4-1-14　单页年历

## 探一探

1. 经过一段时间的使用，小信觉得电子表格软件中的内置样式已经无法满足他的需求了，但又不想每次都重新设置样式。通过向高老师请教，小信了解可以新建样式。接下来，请你跟着小信一起来学习如何新建样式吧。

（1）新建单元格样式，请补全图 4-1-15 操作步骤。

（2）新建表格样式，请补全图 4-1-16 操作步骤。

2. 小信在单元格中输入数据时，发现偶尔会存在误输入的现象。请你帮小信想一想如何才能避免这个问题的发生？通过向高老师请教，小信决定采用设置数据有效性来解决这一问题。接下来，请你跟着小信一起来学习设置数据有效性吧。

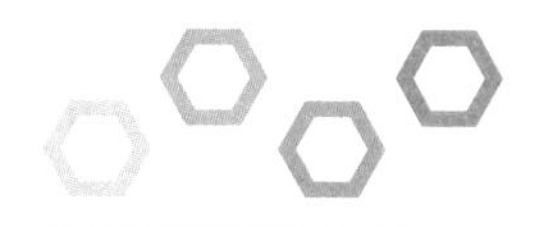



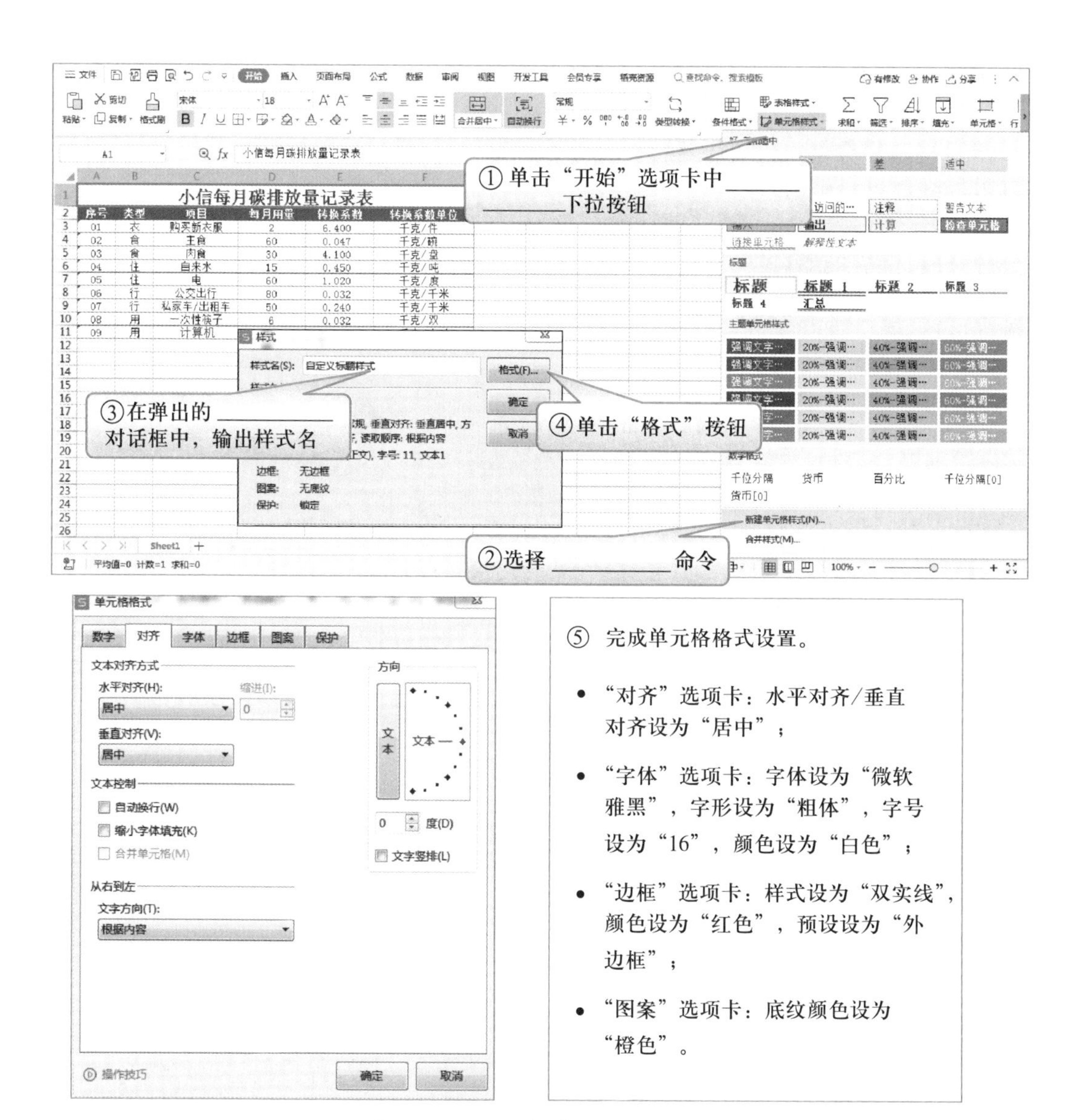


图 4-1-15　新建单元格样式

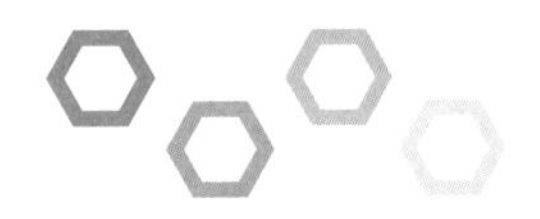

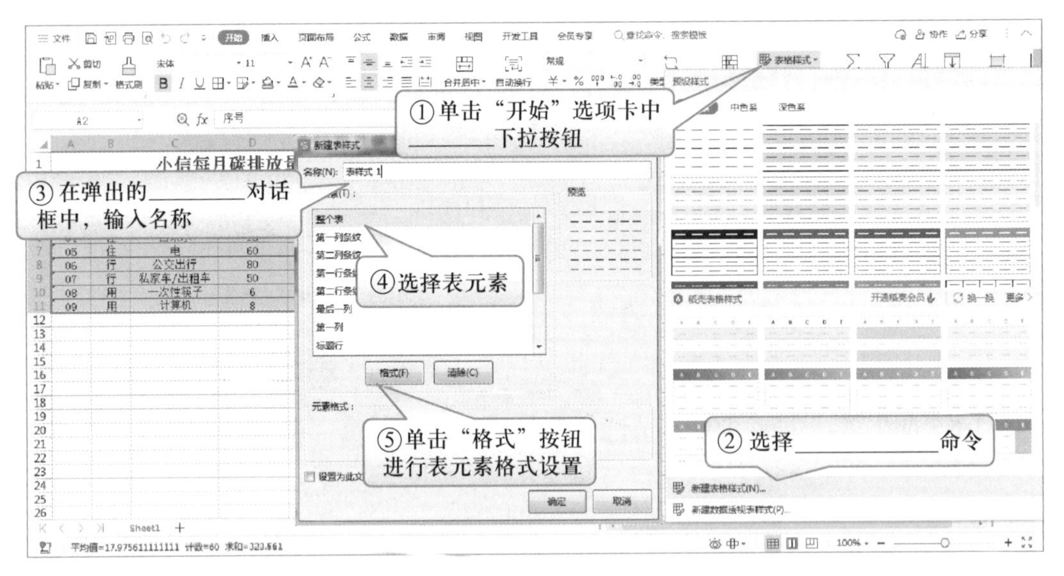


图 4-1-16　新建表格样式

① 打开工作簿，选取需要进行数据验证的单元格区域，选择“数据”→“有效性”→“有效性”命令，打开“数据有效性”对话框，如图 4-1-17 所示；

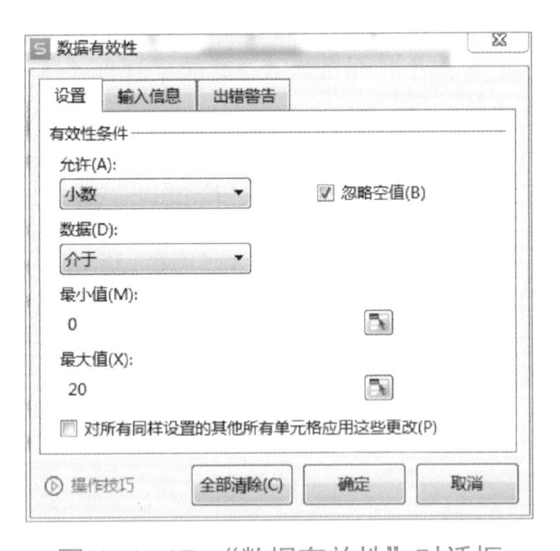


图 4-1-17　“数据有效性”对话框

② 在“设置”选项卡中设置有效性条件为：允许“小数”，数据介于最小值“0”和最大值“20”之间；

③ 在“输入信息”选项卡中设置输入提示信息；

④ 在“出错警告”选项卡中设置输入验证未通过时的错误提示及处理方法。

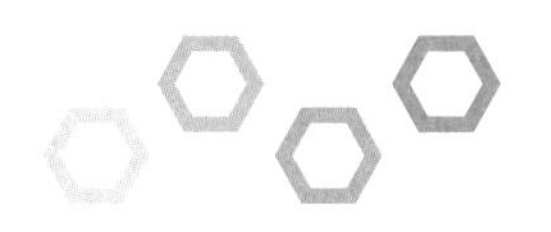



# 4.2 加工数据

## 【学习目标】

1. 了解数据整理的基础知识。

（1）了解数据整理的概念和意义；

（2）了解常见的数据清洗问题及其处理方法；

（3）会用 WPS 表格对数据进行简单处理。

2. 会使用函数、运算表达式等进行数据运算。

（1）了解函数和运算表达式的基本概念及规范的书写方法；

（2）了解常用的运算符及其优先级别；

（3）熟悉常用函数的功能；

（4）会用函数和运算表达式实现数值、字符串和逻辑运算；

（5）会根据实际需求正确引用绝对地址、相对地址和混合地址进行计算。

3. 会对数据进行排序、筛选和分类汇总。

（1）会用 WPS 表格按要求对数据进行排序；

（2）会用 WPS 表格按要求对数据进行筛选；

（3）会用 WPS 表格按要求对数据进行分类汇总。

## 任务 1　使用公式和函数

### 练一练

一、单项选择题

1. 电子表格中，求和函数的名称是（　　）。

A. SUN　　　　B. SUM

C. AVERAGE　　　　D. MIN

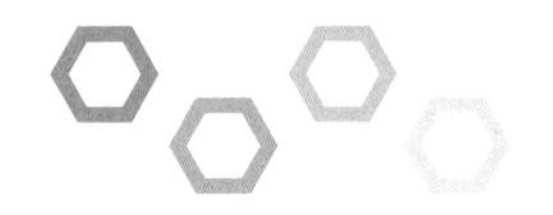

2. 函数 MAX（范围）的功能是（　　）。

A. 求范围内所有数字的和

B. 求范围内所有数字的平均值

C. 求范围内所有数字的最大值

D. 求范围内所有数字的最小值

3. 如果单元格的内容是 8，则单击该单元格，其编辑栏中不可能出现的是（　　）。

A. 8　　B. 3 + 5　　C. = 3 + 5　　D. = A1 + B1

4. 已知单元格 C1 中的公式是“= A1 + B2”，将其复制到单元格 E5 后，单元格 E5 中的公式是（　　）。

A. = A1 + B1　　B. = A5 + B6

C. = C5 + D6　　D. ERROR！

5. 在 A1~A10 单元格中填入 10 个数，在 B1 中填入公式“= AVERAGE（A1: A10）”，现在删除其中的第 3、4 行，B1 中的公式（　　）。

A. 不变

B. 变为 = AVERAGE（A1:A8）

C. 变为 = AVERAGE（A3:A10）

D. 变为 = AVERAGE（A1:A2，A5:A10）

6. 下列函数与函数 SUM（B1:B4）不等价的是（　　）。

A. SUM（B1，B2，B3，B4）

B. SUM（B1 + B4）

C. SUM（B1 + B2，B3 + B4）

D. SUM（B1: B3，B4）

## 二、填空题

1. 公式是以 ________ 开头，对工作表中的数据执行运算的等式，也称表达式。公式中可以包括 ________ 、 ________ 、 ________ 和 ________ 。

2. 函数由 ________ 、 ________ 和 ________ 三部分组成。

3. 运算符分为四类： ________ 、 ________ 、 ________ 和 ________ 。

4. IF 函数最简单的形式是 ________________________ 。

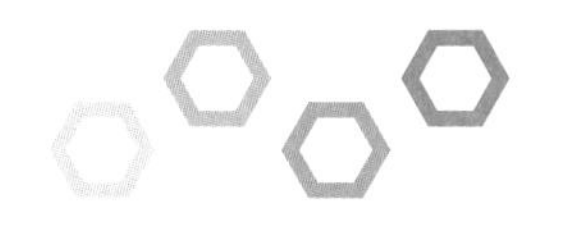



三、判断题（正确的打“√”，错误的打“×”）

（　　）1. 当一个函数中包含多个参数时，参数之间用分号隔开。

（　　）2. 公式中如果使用多个运算符，则按运算符的优先级别从高到低进行运算，同级运算符从左到右进行计算。运算顺序为：算术运算 > 文本运算 > 关系运算 > 圆括号。

（　　）3. IF 函数不能嵌套使用。

（　　）4. 输入公式时，所有的运算符必须是英文半角。

（　　）5. 相对引用会因为公式所在位置的不同而发生相应的变化。

## 做一做

“碳排放”是关于温室气体排放的一个总称或简称。温室气体中最主要的气体是二氧化碳，因此用碳（Carbon）一词作为代表。人类的任何活动都有可能造成碳排放，如烧火做饭、生活用电、开车出行等。

通过之前课程的学习，小信已经基本完成了自己每月碳排放量记录表的填写，接下来，请你帮他一起完成碳排放量及排名的计算。

注：碳排放量的计算方法为“碳排放量 = 每月用量 × 转换系数”。

一、温故知新

1. 思考：为了计算图 4-2-1“小信每月碳排放量记录表”中的碳排放量和排名，我们需要用到哪些运算符和函数？请填在下方横线处。

______________________________

| | A | B | C | D | E | F | G | H |
|---|---|---|---|---|---|---|---|---|
| 1 | 小信每月碳排放量记录表 | | | | | | | |
| 2 | 序号 | 类型 | 项目 | 每月用量 | 转换系数 | 转换系数单位 | 碳排放量（千克） | 排放量排名 |
| 3 | 01 | 衣 | 购买新衣服 | 2 | 6.400 | 千克/件 | | |
| 4 | 02 | 食 | 主食 | 60 | 0.047 | 千克/碗 | | |
| 5 | 03 | 食 | 肉食 | 30 | 4.100 | 千克/盘 | | |
| 6 | 04 | 住 | 自来水 | 15 | 0.450 | 千克/吨 | | |
| 7 | 05 | 住 | 电 | 60 | 1.020 | 千克/度 | | |
| 8 | 06 | 行 | 公交出行 | 80 | 0.032 | 千克/千米 | | |
| 9 | 07 | 行 | 私家车/出租车 | 50 | 0.240 | 千克/千米 | | |
| 10 | 08 | 用 | 一次性筷子 | 6 | 0.032 | 千克/双 | | |
| 11 | 09 | 用 | 计算机 | 8 | 0.240 | 千克/小时 | | |
| 12 | | | 小计 | | | | | |

图 4-2-1　小信每月碳排放量记录表

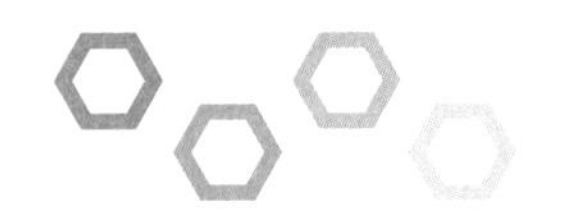

2. 连一连：请通过网络搜索、小组讨论或实践操作等方式区分常见的运算符和函数，完成下列连线题。

① 运算符。

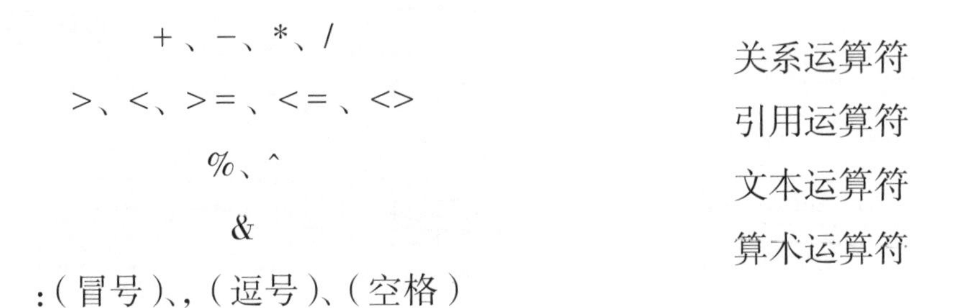


② 常用函数。

| | |
|---|---|
| SUM 函数 | 求和 |
| AVERAGE 函数 | 最大值 |
| IF 函数 | 最小值 |
| MAX 函数 | 条件 |
| MIN 函数 | 平均值 |

## 二、自主设计

经过思考讨论，小信决定利用“*”算术运算符来计算每项碳排放量值，用求和函数 SUM 来计算每月碳排放量总值，并用 RANK 函数实现碳排放量排名的计算。接下来，就请你帮小信一起完成计算吧。

1. 打开“小信每月碳排放量记录表 2.xlsx”，完成碳排放量的计算。

① G3 单元格中输入的表达式为____________；

② 小组讨论是否有其他计算方式？如果有，另一种表达式为________。并思考你认为选用哪种更为合适？为什么？

③ 如何快速完成“G4:G11”单元格区域中碳排放量的计算？请在下方框中简要说明操作步骤。

| |
|---|
| |

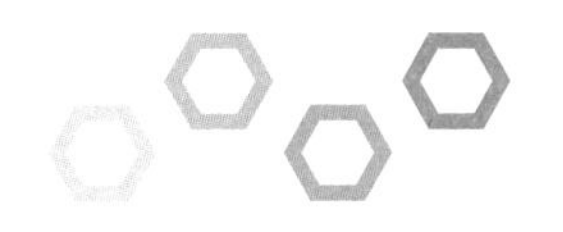



2. 计算小信每月的碳排放总量。

① 用公式实现，则 G12 单元格中应使用的表达式为 ________________；

② 用求和函数实现，则 G12 单元格中应使用的表达式为 ____________。

3. 对比公式计算和函数计算，你认为哪种计算方式更有优势？为什么？请写在下方框中。

| |
|---|
| |

4. 一棵树平均一年吸收二氧化碳量为 18.5 kg。算一算，为了补偿小信一个月的碳排放量，需要植树 ________ 棵。

5. 用 RANK 函数计算碳排放量排名。

① 在 H3 单元格中输入的表达式应为 ______________________________；

② 表达式中用到的“\$G\$3:\$G\$11”属于哪一种单元格地址引用方式？（请打“√”）

□相对引用　　　　　　□绝对引用　　　　　　□混合引用

6. 通过上述计算，你发现日常中的哪些行为将转化为较高的碳排放量？我们日常生活中可以通过哪些方式来减少碳排放？请在下方框中简要说明。

| |
|---|
| |

## 三、举一反三

一年一度的学校运动会即将举行，赛项成绩的汇总与统计分析是一项烦琐的工作。有了替小信计算碳排放量值与排名的经验，相信你一定能更好地完成“赛项名次积分汇总表”和“班级积分名次汇总表”的制作。

接下来，请你根据要求完成这两张表格的制作，期待你的作品。

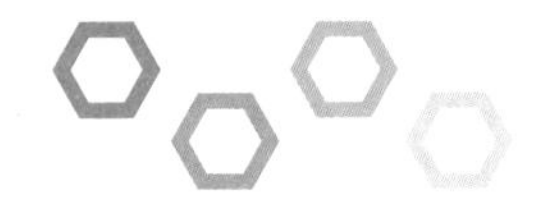

1. 设计“赛项名次积分汇总表”。

① 打开电子表格软件，新建工作表，添加列标题“赛项名称”“类型”“年级”“学部”“班级”“名次”“成绩”“积分”；

② 将“赛项名次积分汇总表.txt”中的数据导入到电子表格中。

2. 用 IF 函数根据名次计算积分。

**积分计算规则**

积分由基础分和奖励分两部分组成，具体计算方式如下。

➤ 基础分：9－名次；

➤ 个人项目奖励分：IF（名次 <=3，5－2*(名次 −1)，0)，即前三名分别奖励 5、3、1 分

➤ 团体项目奖励分：IF（名次 <=3，7−2*(名次 −1)，0)，即前三名分别奖励 7、5、3 分

① 设置函数。选中要填写计算结果的单元格 H2，单击“公式”选项卡中的“插入函数”按钮，在“插入函数”对话框中选择 IF 函数，在函数参数框中输入相应的参数。最终，H2 单元格中的公式为 __________________；

② 填充函数。利用填充柄完成公式的填充。

3. 用 SUM 函数分别计算各班的总积分。

① 按班级排序。选取单元格 E1，选择“数据”→“排序”→“升序”命令；

② 计算“导游”班总积分。在第 20 行下方插入一个空白行，复制单元格区域“C20:E20”内容到“C21:E21”。选中 H21，在此单元格中输入公式 ____________，完成“导游”班总积分的计算；

③ 同理，依次完成其他班级总积分的计算。

4. 制作“班级积分名次汇总表”。

新建工作表“班级积分名次汇总表”，添加列标题“年级”“学部”“班级”“总积分”“名次”，并将各班的赛项总积分复制到表中，如图 4-2-2 所示。

| | A | B | C | D | E |
|---|---|---|---|---|---|
| 1 | 年级 | 学部 | 班级 | 总积分 | 名次 |
| 2 | 高一 | 旅游服务部 | 导游 | 139 | |
| 3 | 高一 | 经贸部 | 国际商务 | 64 | |
| 4 | 高一 | 旅游服务部 | 会展 | 44 | |
| 5 | 高一 | 信息技术部 | 计算机网络1 | 0 | |
| 6 | 高一 | 信息技术部 | 计算机网络2 | 48 | |
| 7 | 高一 | 信息技术部 | 计算机应用1 | 109 | |
| 8 | 高一 | 信息技术部 | 计算机应用2 | 69 | |
| 9 | 高一 | 信息技术部 | 计算机应用3 | 4 | |
| 10 | 高一 | 信息技术部 | 美术设计 | 36 | |
| 11 | 高一 | 经贸部 | 商务德语 | 54 | |
| 12 | 高一 | 经贸部 | 商务法语 | 34 | |
| 13 | 高一 | 经贸部 | 商务日语 | 47 | |
| 14 | 高一 | 旅游服务部 | 西餐 | 79 | |
| 15 | 高一 | 学前部 | 学前1 | 62 | |
| 16 | 高一 | 学前部 | 学前2 | 26 | |
| 17 | 高一 | 学前部 | 学前3 | 53 | |
| 18 | 高一 | 学前部 | 学前5 | 59 | |
| 19 | 高一 | 旅游服务部 | 中餐 | 66 | |

图 4-2-2　班级积分名次汇总表 1

5. 计算全校高一班级数量、总积分、平均积分、最高积分、最低积分，并对各班进行排名。

① 在“班级积分名次汇总表”中新增“班级数量”“总积分”“平均积分”“最高积分”和“最低积分”行，如图 4-2-3 所示；

| | A | B | C | D | E |
|---|---|---|---|---|---|
| 1 | 年级 | 学部 | 班级 | 总积分 | 名次 |
| 2 | 高一 | 旅游服务部 | 导游 | 139 | |
| 3 | 高一 | 经贸部 | 国际商务 | 64 | |
| 4 | 高一 | 旅游服务部 | 会展 | 44 | |
| 5 | 高一 | 信息技术部 | 计算机网络1 | 0 | |
| 6 | 高一 | 信息技术部 | 计算机网络2 | 48 | |
| 7 | 高一 | 信息技术部 | 计算机应用1 | 109 | |
| 8 | 高一 | 信息技术部 | 计算机应用2 | 69 | |
| 9 | 高一 | 信息技术部 | 计算机应用3 | 4 | |
| 10 | 高一 | 信息技术部 | 美术设计 | 36 | |
| 11 | 高一 | 经贸部 | 商务德语 | 54 | |
| 12 | 高一 | 经贸部 | 商务法语 | 34 | |
| 13 | 高一 | 经贸部 | 商务日语 | 47 | |
| 14 | 高一 | 旅游服务部 | 西餐 | 79 | |
| 15 | 高一 | 学前部 | 学前1 | 62 | |
| 16 | 高一 | 学前部 | 学前2 | 26 | |
| 17 | 高一 | 学前部 | 学前3 | 53 | |
| 18 | 高一 | 学前部 | 学前5 | 59 | |
| 19 | 高一 | 旅游服务部 | 中餐 | 66 | |
| 20 | 班级数量 | | | | |
| 21 | 总积分 | | | | |
| 22 | 平均积分 | | | | |
| 23 | 最高积分 | | | | |
| 24 | 最低积分 | | | | |

图 4-2-3　班级积分名次汇总表 2

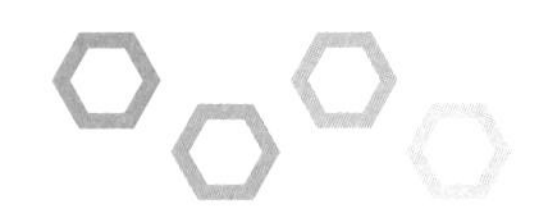

② 在单元格 D20 中输入公式 ________________，利用 COUNT 函数求出班级数量；

③ 在单元格 D21 中输入公式 ________________，利用 SUM 函数求出总积分；

④ 在单元格 D22 中输入公式 ________________，利用 AVERAGE 函数求出平均积分；

⑤ 在单元格 D23 中输入公式 ________________，利用 MAX 函数求出最高分；

⑥ 在单元格 D24 中输入公式 ________________，利用 MIN 函数求出最低分；

⑦ 在单元格 E2 中输入公式 ________________，利用 RANK 函数求出各班排名；

⑧ 填充公式，完成“E3:E19”的名次计算。

## 探一探

在使用公式和函数时，我们有时会用到相对引用地址，有时又会用到绝对引用地址，甚至有时还会用到混合引用地址。这三种单元格地址到底有何区别？请试着使用公式填充的方式完成乘法口诀表一和乘法口诀表二，并探究三种单元格地址的区别。

1. 乘法口诀表一，如图 4-2-4 所示。

| | A | B | C | D | E | F | G | H | I | J |
|---|---|---|---|---|---|---|---|---|---|---|
| 1 | 乘法口诀表一 | | | | | | | | | |
| 2 | | 1 | 2 | 3 | 4 | 5 | 6 | 7 | 8 | 9 |
| 3 | 1 | 1 | | | | | | | | |
| 4 | 2 | 2 | 4 | | | | | | | |
| 5 | 3 | 3 | 6 | 9 | | | | | | |
| 6 | 4 | 4 | 8 | 12 | 16 | | | | | |
| 7 | 5 | 5 | 10 | 15 | 20 | 25 | | | | |
| 8 | 6 | 6 | 12 | 18 | 24 | 30 | 36 | | | |
| 9 | 7 | 7 | 14 | 21 | 28 | 35 | 42 | 49 | | |
| 10 | 8 | 8 | 16 | 24 | 32 | 40 | 48 | 56 | 64 | |
| 11 | 9 | 9 | 18 | 27 | 36 | 45 | 54 | 63 | 72 | 81 |

图 4-2-4　乘法口诀表一效果图

“乘法口诀表一”中 B3 单元格的公式为 ______________________________。

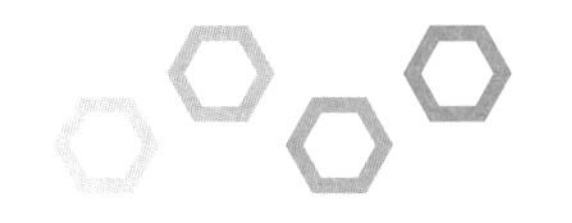



2. 乘法口诀表二，如图 4-2-5 所示。

| | A | B | C | D | E | F | G | H | I | J |
|---|---|---|---|---|---|---|---|---|---|---|
| 1 | 乘法口诀表二 | | | | | | | | | |
| 2 | | 1 | 2 | 3 | 4 | 5 | 6 | 7 | 8 | 9 |
| 3 | 1 | 1×1=1 | | | | | | | | |
| 4 | 2 | 1×2=2 | 2×2=4 | | | | | | | |
| 5 | 3 | 1×3=3 | 2×3=6 | 3×3=9 | | | | | | |
| 6 | 4 | 1×4=4 | 2×4=8 | 3 4=12 | 4×4=16 | | | | | |
| 7 | 5 | 1×5=5 | 2×5=10 | 3×5=15 | 4×5=20 | 5×5=25 | | | | |
| 8 | 6 | 1×6=6 | 2×6=12 | 3×6=18 | 4×6=24 | 5×6=30 | 6×6=36 | | | |
| 9 | 7 | 1×7=7 | 2×7=14 | 3×7=21 | 4×7=28 | 5×7=35 | 6×7=42 | 7×7=49 | | |
| 10 | 8 | 1×8=8 | 2×8=16 | 3×8=24 | 4×8=32 | 5×8=40 | 6×8=48 | 7×8=56 | 8×8=64 | |
| 11 | 9 | 1×9=9 | 2×9=18 | 3×9=27 | 4×9=36 | 5×9=45 | 6×9=54 | 7×9=63 | 8×9=72 | 9×9=81 |

图 4-2-5　乘法口诀表二效果图

“乘法口诀表二”中 B3 单元格的公式为 ______________________________。

3. 三种单元格地址的区别。

① 相对地址：________________________________________________；

② 绝对地址：________________________________________________；

③ 混合地址：________________________________________________。

## 任务 2　使用排序

### 练一练

#### 一、单项选择题

1. 在 WPS 表格中，不可以按（　　）对表格数据进行排序。

A. 数值　　B. 字体

C. 条件格式图标　　D. 单元格颜色

2. 对于文本类型的数据，排序时默认按（　　）进行排序。

A. 拼音　　B. 笔画　　C. 数值　　D. 以上都不对

3. 在电子表格软件中，“排序”按钮位于（　　）选项卡中。

A. 开始　　B. 插入

C. 数据　　D. “开始”和“数据”选项卡中均有

4. 进行奥运会奖牌榜排名时，首先按金牌数量排名，当金牌数量相同时再按银牌数量排名，当金牌数量和银牌数量都相同时再按铜牌数量排名，

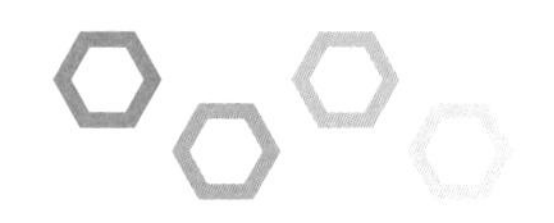

只有当金牌、银牌和铜牌数量均相同时，才能确定名次并列。在这个过程中，排序的关键字分别依次为（　　）。

A. 奖牌总数、金牌数、银牌数、铜牌数

B. 金牌数、银牌数、铜牌数、奖牌总数

C. 金牌数、银牌数、铜牌数

D. 以上都不对

二、填空题

1. 在电子表格软件中，对数据进行排序时，“次序”默认为________（升序 / 降序）。

2. 在电子表格软件中，排序包括升序、降序和________三种方式。

3. 针对文本型数据，可以选择按________的方式进行排序。

三、判断题（正确的打“√”，错误的打“×”）

（　　）1. 排序可以实现表格数据按设定的排序规则重新排列，使具有相同或相近值的行排在一起，方便浏览和分析。

（　　）2. 电子表格软件中行的排列顺序可以通过排序方式来改变。

（　　）3. 多重排序时最多只能设置 3 个次要关键字。

（　　）4. 在电子表格软件中，只能按列排序。

## 做一做

小信的好朋友小优觉得使用 RANK 函数求排名太难了，有没有其他方式能够更加简单、快速地得到排名？此外，高老师告诉小信，如果小信的表格能按“衣、食、用、住、行”的顺序进行排序，表格的逻辑性将更强。

请你和小信一起思考如何才能解决上述两个问题。

一、温故知新

小信向高老师学习了电子表格软件中的排序方法。接下来，请你和小信一起利用排序功能实现碳排放量的排名计算吧。

1. 打开“小信每月碳排放量记录表 3.xlsx”，按碳排放量进行“降序”排序，请补全图 4-2-6 操作步骤。

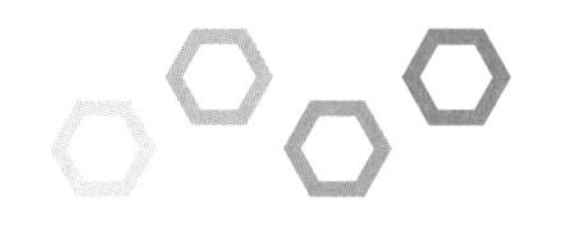



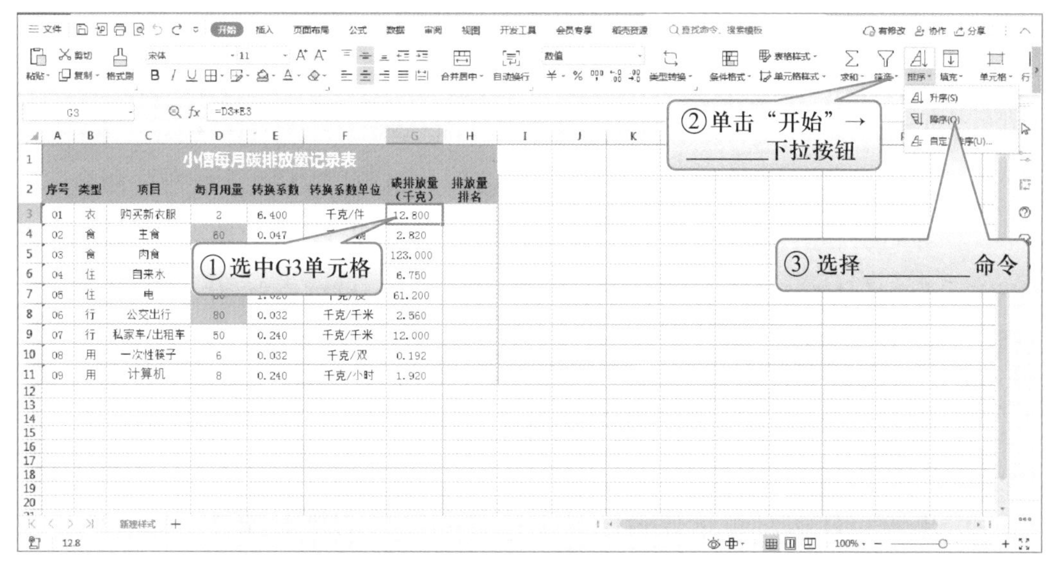


图 4-2-6 排序操作

此时，发现________类型中的________项目碳排放量最高。

2. 完成“H4:H11”单元格内容的填充。

将光标置于 H3 单元格，在单元格中输入数字“1”，并________________________________完成“H4:H11”单元格中内容的填充。

3. 将“序号”列按照“升序”排序。

简要写出操作步骤：________________________________________________________________

二、自主设计

通过对碳排放量排名的设置，相信大家对排序方法已经有了基本了解。接下来，请你根据小信的要求，分别完成不同情况下碳排放量的排序操作。

1. 按类型由高到低对碳排放量进行排序。

① 选取单元格区域________，选择“开始”→“排序”下拉列表中的“自定义排序”命令；

② 在弹出的“排序”对话框中，将主要关键字设为________，次要关键字设为____________；

③ 为保证碳排放量按不同类型由高到低排序，应该将次要关键字的次序设为________（升序 / 降序）。

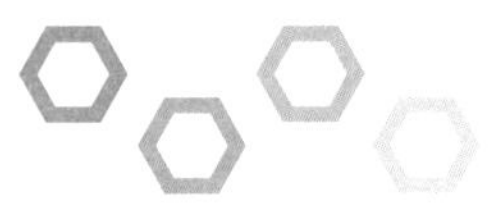

2. 将类型按“衣、食、用、住、行”顺序进行排序。

① 再次选取单元格区域________，选择“开始”→“排序”下拉列表中的“自定义排序”命令，打开“排序”对话框；

② 单击主要关键字的“次序”下列按钮，选择“自定义系列”命令；

③ 在打开的“自定义系列”对话框中选择“新序列”，并在右侧“输入序列”框中输入序列________________________（每项之间用“,”隔开）；

④ 单击“添加”按钮，完成新序列的添加；

⑤ 单击“确定”按钮，返回到“排序”对话框，再次单击“确定”按钮，完成排序。

3. 思考：此次对碳排放量的排序操作和之前的排序操作有何不同？请将你的答案简单写在下方横线处。

______________________________________________________________________

______________________________________________________________________

三、举一反三

请结合前面的排序经验，根据班级积分确定每个班级的积分名次，从而确定高一年级组的前三名。期待你的作品。

1. 确定年级总分前三名。

① 打开“运动会成绩.xlsx”，对 D 列“积分”进行排序；

② 将光标置于 E2 单元格，在单元格中输入数字“1”，并向下完成“E3:E19”单元格区域中内容的填充；

本次运动会高一年级前三名分别为：________、________、________。

2. 查看各学部各班排名

① 选取单元格区域“A1:E19”，选择“排序”下拉列表中的“自定义排序”命令，打开“排序”对话框；

② 在弹出的“排序”对话框中，把________设为主要关键字、升序，把________设为次要关键字、升序；

本次运动会高一年级不同学部的前三名分别为：经贸部<u>国际商务班</u>、<u>商务德语班</u>、<u>商务法语班</u>；旅游服务部__________、__________、__________；信息技术部__________、__________、__________；学前

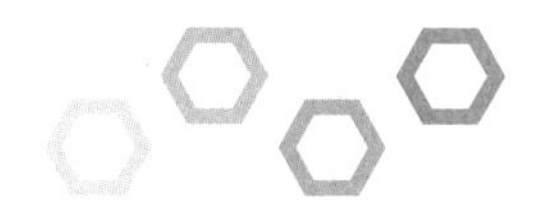



部 __________、__________、__________。

**探一探**

2021 年，在东京奥运会上，中国取得了不菲的成绩，中国队获得的奖牌数位于奖牌榜第几位呢？请同学们利用所学将奖牌榜按总数、金牌数、银牌数、铜牌数降序排列，并完成下列操作填空。

① 打开“奥运奖牌.xlsx”，选取单元格区域________，选择“开始”→“排序”下拉列表中的“自定义排序”命令；

② 为了实现奖牌榜按总数、金牌榜、银牌榜、铜牌榜降序排列，在弹出的“排序”对话框中，将主要关键字设为__________，次要关键字 1 设为__________，次要关键字 2 设为__________，次要关键字 3 设为__________；

③ 将每个关键字的次序均设为________（升序 / 降序），单击“确定”按钮完成排序；

④ 在 A2 单元格中输入数字“1”，并完成 A2:A93 单元格区域中内容的填充。最终发现中国位于奖牌榜排名第________位。

除了“升序”和“降序”，还有没有其他的排序次序？高老师在工作中就经常遇到需要根据获奖的“级别”“等第”“获奖时间”进行排序。

请你打开“获奖情况排序.xlsx”，如图 4-2-7 所示对表中数据按“级别”“等第”“获奖时间”进行排序。

排序

+ 添加条件(A)　删除条件(D)　复制条件(C)　选项(O)...　☑ 数据包含标题(H)

| 列 | | 排序依据 | 次序 |
|---|---|---|---|
| 主要关键字 | 级别 | 数值 | 国家级, 省级, 市级, 区级 |
| 次要关键字 | 等第 | 数值 | 一等奖, 团体一等奖, 二等奖, 团( |
| 次要关键字 | 获奖时间 | 数值 | 升序 |

确定　取消

图 4-2-7　自定义序列排序

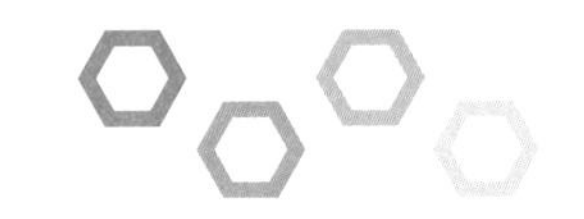

排序后可知，某校 2022 学年学生中获得最高荣誉的是________同学于________（时间）在____________________项目中获得________级别的________（等第）。

## 任务 3　使用筛选

### 练一练

一、单项选择题

1. 在 WPS 表格中，筛选时可以通过（　　）方式进行数据的筛选。

A. 颜色筛选　　B. 文本筛选

C. 数字筛选　　D. 以上都可以

2. 某高级筛选的条件区域如图 4-2-8 所示，表示的是（　　）。

| 班级 | 积分 |
| --- | --- |
| 计算机班 | |
| | >5 |

图 4-2-8　高级筛选 1

A. 筛选出班级为“计算机班”的结果

B. 筛选出积分“>5”的结果

C. 筛选出班级为“计算机班”且积分“>5”的结果

D. 筛选出班级为“计算机班”或积分“>5”的结果

3. 以下关于 WPS 表格高级筛选功能，说法正确的是（　　）。

A. 高级筛选通常需要在工作表中设置条件区域

B. 选择“数据”选项卡中“排序和筛选”组内的“筛选”命令可以进行高级筛选

C. 高级筛选之前必须对数据进行排序

D. 高级筛选就是自定义筛选

二、填空题

1. 电子表格软件中的筛选分为________、________和高级筛选等方式。

2. 高级筛选的关键是准确设置________________。

3. 如果要筛选成绩大于 90 分或小于 60 分的学生，可以使用________筛

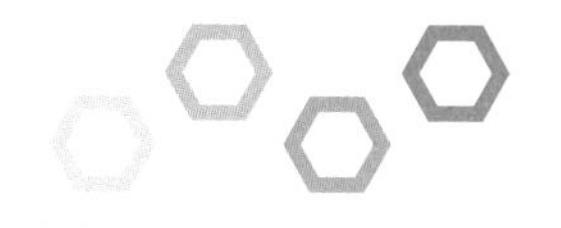



选，也可以使用高级筛选。

三、判断题（正确的打“√”，错误的打“×”）

（ ）1. 筛选是指让某些符合条件的数据显示出来，不符合条件的数据则直接删除。

（ ）2. 若在筛选后打印，则只会打印筛选后的结果。

（ ）3. 在电子表格软件中，只能在“数据”选项卡找到“筛选”命令。

（ ）4. 如果通过一个筛选条件无法获得需要的筛选结果，则可以使用自定义筛选功能，设定多个筛选条件。

## 做一做

当电子表格中数据行比较多时，很难直观地查看符合条件的行，通常可以使用筛选来处理数据。虽然小信的表格中数据行并不多，但是为了保护自己的隐私，小信只想每次呈现部分数据行给其他人，并对其余部分进行隐藏。对于这种情况，小信是否也可以使用筛选操作来达到想要的效果呢？请你帮助小信一起进行思考，探索筛选操作的奥秘。

一、温故知新

打开“小信每月碳排放量记录表4.xlsx”，按要求完成筛选。

① 选取单元格区域“A2:H11”，单击“开始”选项卡中“筛选”按钮（或者________选项卡中“筛选”按钮）；

② 单击“排放量排名”列的“筛选”下拉按钮，利用________筛选，筛选出碳排放量排名小于等于3的数据行；

③ 再单击“类型”列的“筛选”下拉按钮，利用内容筛选，筛选出“住”类型的数据行。“住”类型的________项目碳排放量排名为________。

思考1：此时小信是否就达到了只呈现部分数据行，而隐藏其他数据行的目的？

思考2：为什么小信不直接删除不想呈现的数据行而采用筛选操作？筛选操作有何优势？请将思考结果简要写在下方框中。

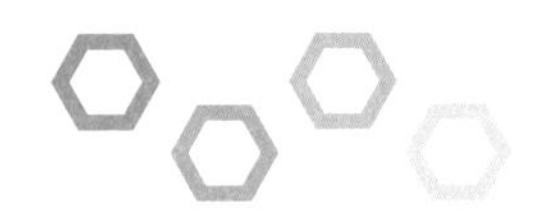

二、自主设计

小信在筛选过程中发现自己的筛选要求比较特殊，已经无法使用“内容筛选”来实现，于是他想是不是还可以借助其他筛选方式达到需要的效果呢？请同学们和小信一起进一步学习筛选操作，期待大家的作品。

1. 利用颜色筛选，筛选出“每日用量”列中单元格背景颜色为粉色的数据行。

① 单击“筛选”按钮，取消之前的筛选结果；

② 再次选取单元格区域________，单击“筛选”按钮；

③ 单击________列的“筛选”下拉按钮，利用颜色筛选，选择“按单元格背景颜色筛选”命令。

2. 利用高级筛选，筛选出“用”类型或“排放量排名”为前五名的数据行。

① 单击“筛选”按钮，取消之前的筛选结果；

② 在空白单元格输入图 4-2-9 所示内容；

③ 选择“筛选”按钮下拉列表中“高级筛选”命令；

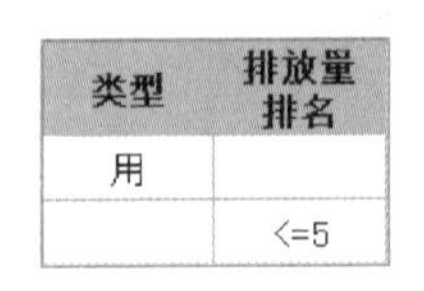

| 类型 | 排放量排名 |
| --- | --- |
| 用 | |
| | <=5 |

图 4-2-9　高级筛选 2

④ 在弹出的“高级筛选”对话框中选择“方式”为“在原有区域显示筛选结果”，选择列表区域为________，条件区域为________；

⑤ 单击“确定”按钮，完成筛选。最终筛选出结果________条，筛选出的内容为“类型”是“用”________（填“或”/“且”）“排放量排名”小于等于 5 的数据行。

三、举一反三

近期，小信想买一台笔记本电脑，但是网上的品牌、配置、报价等信息太多了。请你结合刚刚所学的筛选操作，为小信选购决策提供参考。

1. 通过筛选查看销售价格为 5 000~6 000 元的笔记本电脑。

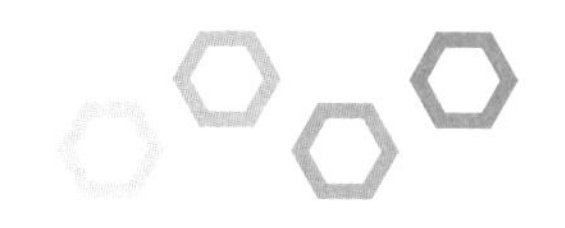



① 打开“计算机报价.xlsx”，通过自动筛选，筛选出笔记本电脑的报价单；

② 通过自定义筛选，进一步筛选出销售价格为5 000~6 000元的笔记本电脑。

2. 通过筛选查看CPU采用“Intel I7”或“AMD A6”的笔记本电脑。

① 通过自动筛选，先筛选出笔记本电脑的报价单；

② 单击“配置及技术指标”列的“筛选”下拉按钮，选择“文本筛选”→“自定义筛选”命令，在弹出的“自定义自动筛选方式”对话框中设定“或”关系的两个条件，即配置及技术指标包含“I7”或“A6”，如图4-2-10所示。

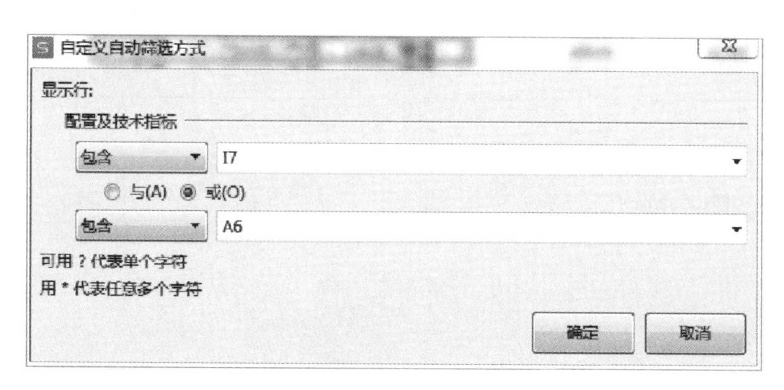


图4-2-10　自定义筛选

3. 思考：有没有其他筛选方式能实现查看CPU采用“Intel I7”或“AMD A6”的笔记本电脑？请将方法简要写在下方框中。

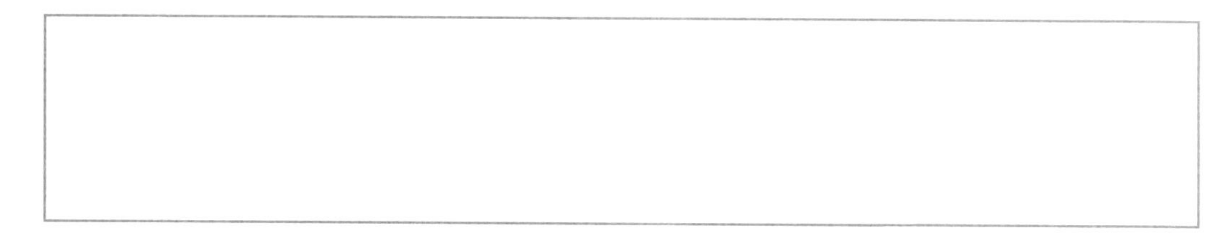

## 探一探

打开“汽车销售情况.xlsx”。

（1）请你快速找出吉梅汽车公司“毛利润率不低于25%”或“净利润

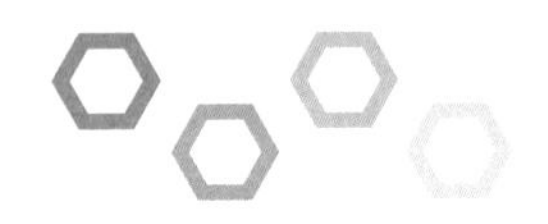

率不低于 10%”的销售月份，并说一说你是如何做到的？

（2）快速找出“毛利润率不低于 25%”且“净利润率不低于 10%”的销售月份，你又将如何操作？

请你将两次的操作方法与组内同学共享，得出你们组觉得最方便的方法，将其简要记录在下方框中，并简单说说为什么。

## 任务 4　使用分类汇总

### 练一练

一、单项选择题

1. 分类汇总之前要先（　　）。

A. 筛选　B. 排序　C. 求和　D. 求平均值

2. “分类汇总”功能在电子表格软件的（　　）选项卡中。

A. 开始　B. 插入　C. 公式　D. 数据

3. “分类汇总”对话框中的汇总方式不包括（　　）。

A. 求和　B. 平均值　C. 最大值　D. 求差

4. 若想通过分类汇总查看不同班级的人数，应该将“分类汇总”对话框中的“汇总方式”设置为（　　）。

A. 求和　B. 平均值　C. 计数　D. 最值

5. 在电子表格软件中，最多可以实现（　　）级分类汇总。

A. 1　B. 2　C. 3　D. N

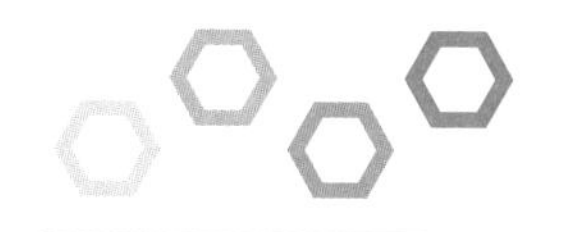



二、填空题

1. 在电子表格软件中，若要删除已经完成的分类汇总，则需要重新打开“分类汇总”对话框，单击对话框中的________按钮，以实现删除分类汇总的目的。

2. 在电子表格软件中，若要在已有分类汇总的基础上继续进行分类汇总，则需要在打开的“分类汇总”对话框中取消________________选项的勾选。

3. 函数 SUBTOTAL 的语法为 SUBTOTAL（function_num，ref1，ref2），其中 function_num 一般为 1~11 的数字，用于指定何种函数在列表中进行分类汇总计算。function_num 值为 9，代表的函数是____________。

三、判断题（正确的打“√”，错误的打“×”）

（　　）1. 使用分类汇总，可以快速地对已分类的数据进行汇总。

（　　）2. 分类汇总每次只能对一个字段进行分类，且一次只能选定一个汇总项。

（　　）3. 可以利用排序结合函数等方式实现分类汇总。

（　　）4. 分类汇总是在原表之上进行操作的，会改变原表结构。

## 做一做

在前面的任务中，小信已经发现自身每月碳排放量最高的项目为“肉食”，那小信每月碳排放量最高的类型又是哪一类呢？为了得到这个结果，小信将碳排放量按照类型进行排序，依次计算出它们值之和并进行对比，最终得到每月碳排放量最高的类型为“食”。但是，小信觉得这么做实在是太麻烦了，有没有更好的办法能帮小信快速得到结果呢？请你和小信一起开动脑筋，帮他找到解决方法。

一、温故知新

1. 打开“小信每月碳排放量记录表 5.xlsx”，按类型分别对碳排放量进行排序，并利用求和函数分别计算出不同类型的碳排放量，使其结果如图 4-2-11 所示。

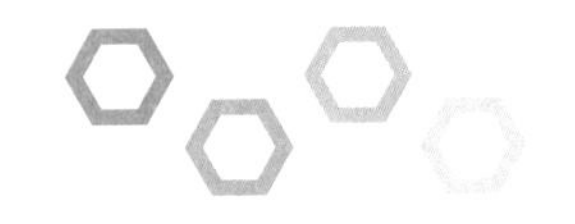

| 小信每月碳排放量记录表 | | | | | | | |
|---|---|---|---|---|---|---|---|
| 序号 | 类型 | 项目 | 每月用量 | 转换系数 | 转换系数单位 | 碳排放量（千克） | 排放量排名 |
| 02 | 行 | 公交出行 | 80 | 0.032 | 千克/千米 | 2.560 | |
| 05 | 行 | 私家车/出租车 | 50 | 0.240 | 千克/千米 | 12.000 | |
| | 行 | | | | | 14.560 | |
| 04 | 食 | 肉食 | 30 | 4.100 | 千克/盘 | 123.000 | |
| 08 | 食 | 主食 | 60 | 0.047 | 千克/碗 | 2.820 | |
| | 食 | | | | | 125.820 | |
| 03 | 衣 | 购买新衣服 | 2 | 6.400 | 千克/件 | 12.800 | |
| | 衣 | | | | | 12.800 | |
| 06 | 用 | 一次性筷子 | 6 | 0.032 | 千克/双 | 0.192 | |
| 07 | 用 | 计算机 | 8 | 0.240 | 千克/小时 | 1.920 | |
| | 用 | | | | | 2.112 | |
| 01 | 住 | 电 | 60 | 1.020 | 千克/度 | 61.200 | |
| 09 | 住 | 自来水 | 15 | 0.450 | 千克/吨 | 6.750 | |
| | 住 | | | | | 67.95 | |

图 4-2-11　不同类型的碳排放量计算 1

通过计算发现，小信每月________类型的碳排放总量最高，达到了________。

2. 利用分类汇总的方式求出不同类型的碳排放量。

① 分类汇总前，先对原始数据按________列进行________（排序 / 筛选）；

② 选取单元格区域“A2:H11”单元格，单击________选项卡中的“分类汇总”按钮；

③ 在打开的“分类汇总”对话框中，选择分类字段为________，汇总方式为________，选定的汇总项为________；

④ 单击“确定”按钮完成分类汇总，并使其以 2 级方式显示，如图 4-2-12 所示。

| | A | B | C | D | E | F | G | H |
|---|---|---|---|---|---|---|---|---|
| 1 | 小信每月碳排放量记录表 | | | | | | | |
| 2 | 序号 | 类型 | 项目 | 每月用量 | 转换系数 | 转换系数单位 | 碳排放量（千克） | 排放量排名 |
| 5 | | 行 汇总 | | | | | 14.560 | |
| 8 | | 食 汇总 | | | | | 125.820 | |
| 10 | | 衣 汇总 | | | | | 12.800 | |
| 13 | | 用 汇总 | | | | | 2.112 | |
| 16 | | 住 汇总 | | | | | 67.950 | |
| 17 | | 总计 | | | | | 223.242 | |

图 4-2-12　不同类型的碳排放量计算 2

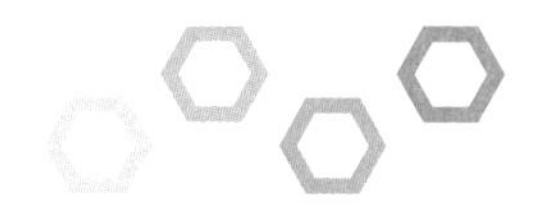



3. 对比以上两种求“不同类型碳排放量”的方法，发现它们存在一个共同点，就是都需要先“排序”，不同之处在于________________________。

4. 当数据量较大时，若为了快速实现对已分类的数据进行汇总，你会优先选择________________方法。

5. 单击 G5 单元格，编辑栏中显示公式“=SUBTOTAL(__________)”。将公式中的数字改为 1，发现 G5 单元格的数值从________变成了________，猜测 SUBTOTAL 函数中第一个参数为“1”代表________。

## 二、自主设计

在本节任务 1“做一做”的“举一反三”中，利用“先按班级排序，再用 SUM 函数依次计算各班的总积分，然后把同类的行通过排序聚合在一起，最后用函数汇总统计相应的值”的方式完成了运动会赛项积分的计算。但这样操作非常麻烦，尤其是当班级比较多时。接下来，请你利用刚刚所学的“分类汇总”功能，对运动会获奖情况按班级分类进行积分求和汇总。

1. 分类汇总。

通过分类汇总对每个班级的积分进行统计，如图 4-2-13 所示。

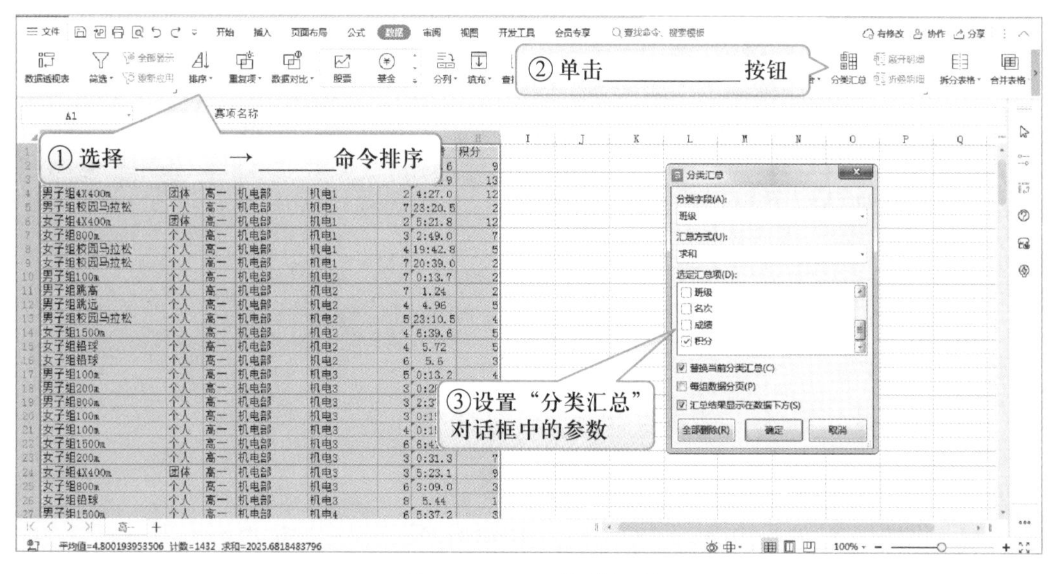


图 4-2-13 分类汇总

2. 分级查看汇总结果。

单击分级显示按钮“1”，隐藏分类，只显示________；单击分级显示按钮“2”，显示分类但隐藏明细，可以直观地查看各班级的积分对比情况，

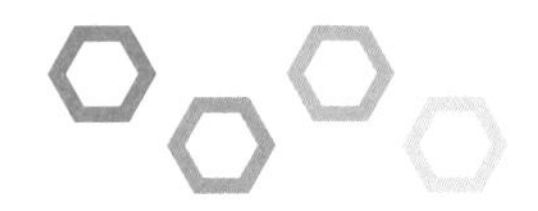

如图 4-2-14 所示；单击分级显示按钮“3”，显示全部明细。按积分排序后，可以查看积分前五名的班级分别为＿＿＿＿＿＿＿＿。

K176　fx

| | A | B | C | D | E | F | G | H |
|---|---|---|---|---|---|---|---|---|
| 1 | 赛项名称 | 类型 | 年级 | 学部 | 班级 | 名次 | 成绩 | 积分 |
| 10 | | | | | 机电1 汇总 | | | 62 |
| 18 | | | | | 机电2 汇总 | | | 26 |
| 29 | | | | | 机电3 汇总 | | | 53 |
| 37 | | | | | 机电4 汇总 | | | 34 |
| 44 | | | | | 机电5 汇总 | | | 25 |
| 56 | | | | | 国际商务 汇总 | | | 64 |

图 4-2-14　分类汇总 2 级显示结果

3. 统计每个班级的获奖人次。

① 单击“数据”→“分类汇总”按钮，打开“分类汇总”对话框；

② 单击“全部删除”按钮，删除分类汇总；

③ 再次使用分类汇总，分类字段设置为“班级”，汇总方式设置为“计数”。单击“确定”按钮，即可清楚地看到每个班级的获奖人次，如机电 1 班的获奖人次为＿＿＿＿人。

## 探一探

眨眼间，高一第一学期就结束了。期末考试结束后，小信主动留下来帮班主任李老师填写全班同学的学业评价表。小信看着李老师将同学们的成绩和评语一个个输入到同学们的学业评价表中，不禁感叹这样做效率实在是太低了！请同学们开动脑筋，帮小信想想有什么好办法能快速完成所有同学学业评价表的填写。

1. 设置下拉列表，请补全图 4-2-15 操作步骤。

2. 用 VLOOKUP 函数引用学业评价表。

① 将光标放在“Sheet1”工作表中的 D2 单元格，在单元格中输入公式“= VLOOKUP（$B$2，数据 !$A:$U，2，FALSE）”，求出 B2 单元格中姓名所对应的性别值，如“张三”的“性别”为＿＿＿＿；

② 模仿步骤① 的公式，尝试写出 B4 单元格中的公式：＿＿＿＿＿＿＿＿＿＿＿＿＿＿＿＿＿＿＿＿＿＿＿＿＿＿＿＿；

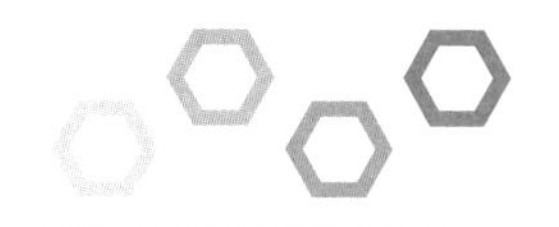



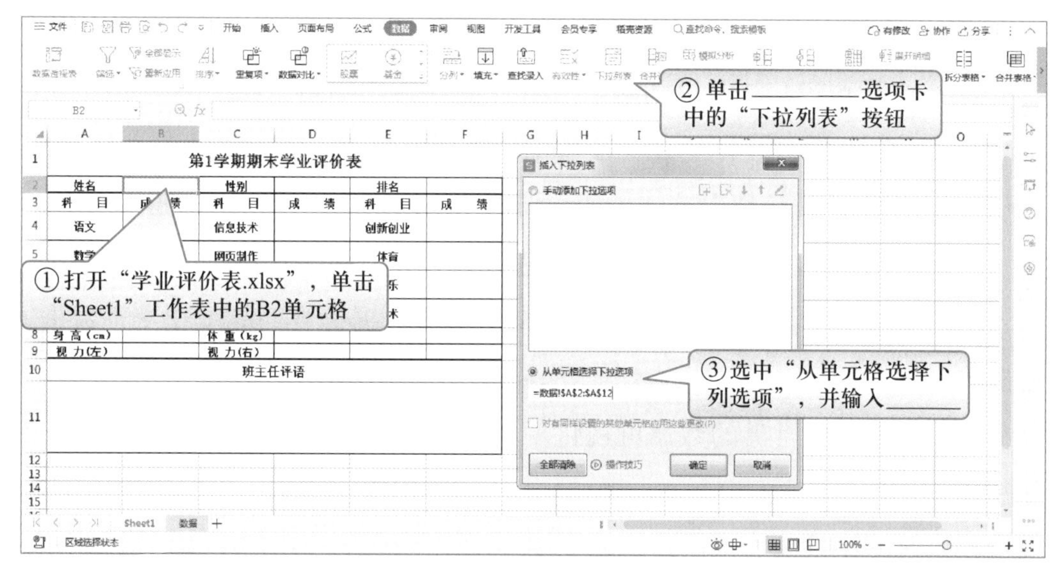


图 4-2-15 设置下拉列表

③ 对比 D2 单元格和 B4 单元格中的公式，发现两者只是在第________个参数上有所不同，其余均相同。此参数代表的含义是________（内容 / 查找区域 / 返回列 / 匹配方式）；

④ 根据已知技巧，快速完成其余空白单元格中 VLOOKUP 函数的填写。

**思考**

B2 单元格公式“=VLOOKUP（$B$2，数据 !$A:$U，2，FALSE）”中的第一个参数和第二个参数的单元格地址是否一定要用绝对引用，能不能用相对引用或混合引用？为什么？

# 4.3 分析数据

## 【学习目标】

1. 能根据需求对数据进行简单分析。

（1）了解数据分析的概念、数据分析的作用和未来走向，了解常用的数据分析方法；

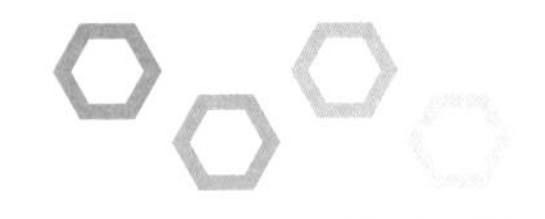

（2）学会用 WPS 表格对数据进行简单的分析。

2. 会应用可视化工具分析数据并制作简单数据图表。

（1）了解数据可视化的含义及数据可视化的表现形式；

（2）会用 WPS 表格制作、编辑常见类型的图表；

（3）会用 WPS 表格制作数据透视表和数据透视图；

（4）会根据实际需要，在 WPS 表格中利用数据透视功能呈现交互数据，分析数据；

（5）了解其他常见的数据可视化工具。

## 任务 1　使用图表

### 练一练

#### 一、单项选择题

1. 图表的作用是（　　）。

A. 直观形象地表示出数值大小及变化趋势等

B. 和普通表格一样

C. 汇总、浏览和呈现数据

D. 以上都对

2. 在 WPS 软件中，可以快速地实现对图表元素的添加或删除的按钮是（　　）。

A.　　B.　　C.　　D.

3. 饼图不能添加的元素是（　　）。

A. 图表标题　　B. 图例

C. 数据标签　　D. X/Y 轴信息

4. 适合用于对比分析近年来我国 6 种温室气体排放量的图表是（　　）。

A. 柱形图　　B. 折线图

C. 饼图　　D. 雷达图

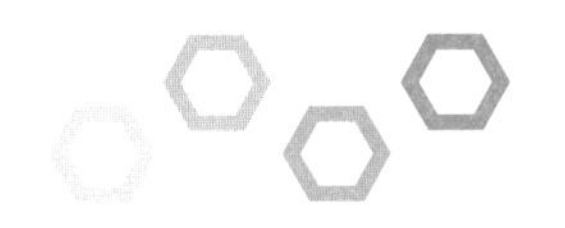



5. 适合用于呈现我国不同地区植被覆盖率占比的图表是（ ）。

A. 柱形图　　B. 折线图

C. 饼图　　D. 雷达图

二、填空题

1. ________图用于显示一段时间内数据的变化或显示项之间的比较情况。

2. ________图用于显示随时间而变化的连续数据。

3. 饼图用于显示一个数据系列中各项的大小与各项总和的比例，适用于显示一个整体内各部分所占的比例。各部分所占比例之和应为________。

4. 在电子表格软件中，创建图表时需要先选择____________________，再选择__________________。

三、判断题（正确的打“√”，错误的打“×”）

（ ）1. 常见的图表类型只有柱形图、折线图和饼图三种。

（ ）2. 柱形图通常沿垂直轴显示类别，沿水平轴显示值。

（ ）3. 折线图适合显示相等时间间隔下数据的变化趋势。

（ ）4. 如果修改工作表中的数据，图表中的图形会随之变化。

（ ）5. 在创建图表时，图表类型一旦确定不能修改。

## 做一做

2022 年 6 月 15 日是第十个全国低碳体验日。高老师找到小信，希望小信能利用专业所长做一期有关“碳排放”的宣传海报，倡导全校师生低碳生活、节能降碳。经过思考，小信觉得之前的碳排放量记录表呈现的结果不够形象、直观，无法起到很好的宣传效果。请同学们帮小信想一想，采用什么样的方式呈现数据才能更加形象、直观呢？

一、温故知新

1. 观察图 4-3-1 和图 4-3-2，谈谈从哪张图中你能快速得出小信每月碳排放量值最高的是“衣、食、住、行、用”中的哪一类？为什么？

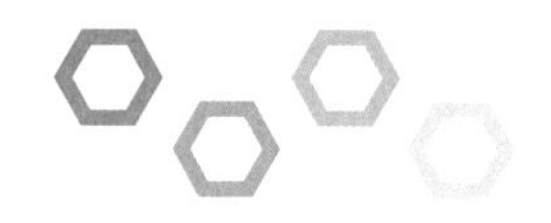

| | A | B | C | D | E | F | G | H |
|---|---|---|---|---|---|---|---|---|
| 1 | 小信每月碳排放量记录表 | | | | | | | |
| 2 | 序号 | 类型 | 项目 | 每月用量 | 转换系数 | 转换系数单位 | 碳排放量（千克） | 排放量排名 |
| 3 | 02 | 行 | 公交出行 | 80 | 0.032 | 千克/千米 | 2.560 | |
| 4 | 05 | 行 | 私家车/出租车 | 50 | 0.240 | 千克/千米 | 12.000 | |
| 5 | | 行 汇总 | | | | | 14.560 | |
| 6 | 04 | 食 | 肉食 | 30 | 4.100 | 千克/盘 | 123.000 | |
| 7 | 08 | 食 | 主食 | 60 | 0.047 | 千克/碗 | 2.820 | |
| 8 | | 食 汇总 | | | | | 125.820 | |
| 9 | 03 | 衣 | 购买新衣服 | 2 | 6.400 | 千克/件 | 12.800 | |
| 10 | | 衣 汇总 | | | | | 12.800 | |
| 11 | 06 | 用 | 一次性筷子 | 6 | 0.032 | 千克/双 | 0.192 | |
| 12 | 07 | 用 | 计算机 | 8 | 0.240 | 千克/小时 | 1.920 | |
| 13 | | 用 汇总 | | | | | 2.112 | |
| 14 | 01 | 住 | 电 | 60 | 1.020 | 千克/度 | 61.200 | |
| 15 | 09 | 住 | 自来水 | 15 | 0.450 | 千克/吨 | 6.750 | |
| 16 | | 住 汇总 | | | | | 67.950 | |
| 17 | | 总计 | | | | | 223.242 | |

图 4-3-1　分类汇总表

小信每月碳排放量各类型汇总

| 类型 | 碳排放量(千克) |
|---|---|
| 行汇总 | 14.560 |
| 食汇总 | 125.820 |
| 衣汇总 | 12.800 |
| 用汇总 | 2.112 |
| 住汇总 | 67.950 |
| 总计 | 223.242 |

纵轴：碳排放量(千克)　0.000　50.000　100.000　150.000　200.000　250.000

图例：碳排放量（千克）

图 4-3-2　簇状柱形图

2. 思考：为什么采用柱形图来呈现图 4-3-1 中的数据？能不能采用其他图表类型？为什么？请将你的想法简要陈述在下方框中。

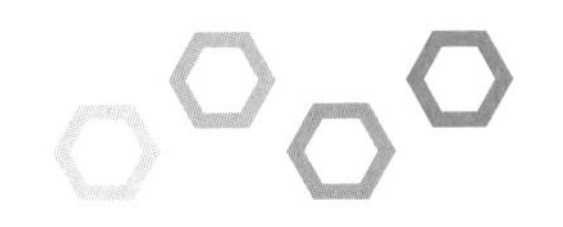



二、自主设计

1. 创建簇状柱形图。

打开“小信每月碳排放量记录表 6.xlsx”，完成如下操作。

① 在 2 级分类汇总显示下，选择单元格区域“B2:B17”和“G2:G17”，选择________选项卡→“插入柱形图”→“簇状柱形图”命令；

② 选中图表，单击________按钮，勾选“数据标签”“图例”，以及“轴标题”中的“主要纵坐标轴”；

③ 双击图表标题，修改相应文字，调整字号大小；双击坐标轴标题，将 Y 坐标轴标题修改为“碳排放量（千克）”；双击数据标签，用鼠标拖动调整标签位置；

④ 选中图表，单击________按钮，在类别数据中去除“总计”，使其图表最终只呈现“行汇总”“食汇总”“衣汇总”“用汇总”和“住汇总”五列数据，效果如图 4-3-3 所示。

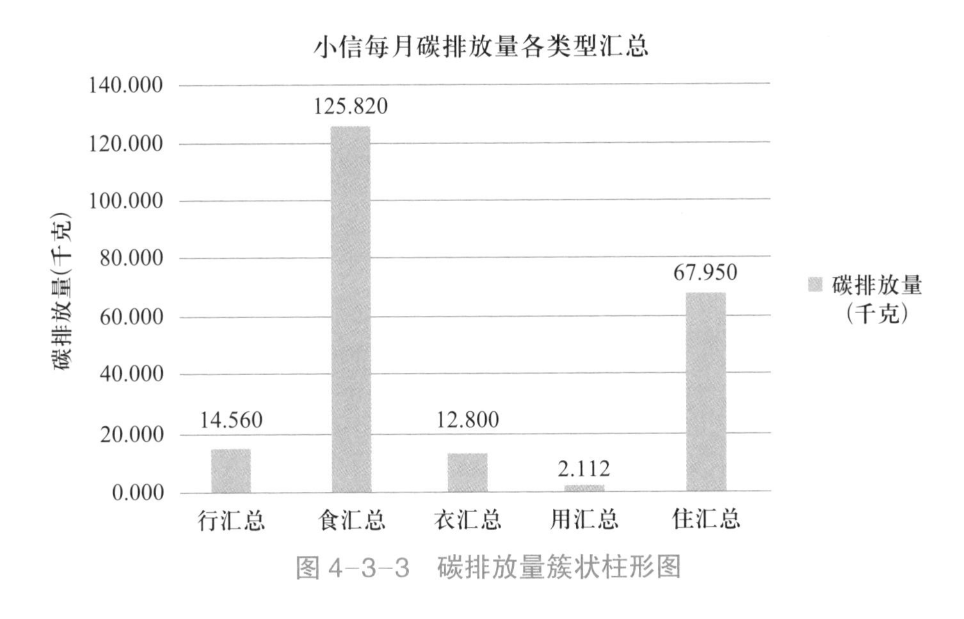

图 4-3-3 碳排放量簇状柱形图

2. 创建饼图，并进行美化。

为了更好地呈现小信每月碳排放量各类型的占比问题，尝试完成图 4-3-4 所示的饼图，并进行简单美化。

请写出具体创建步骤。

第一步：在 2 级分类汇总显示下，选取单元格区域“B2:B16”和“G2:G16”；

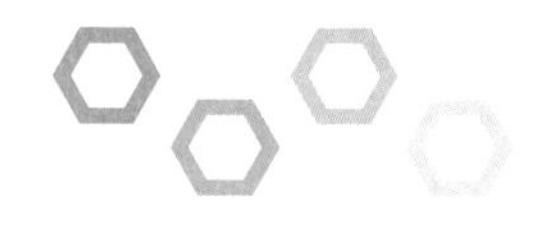

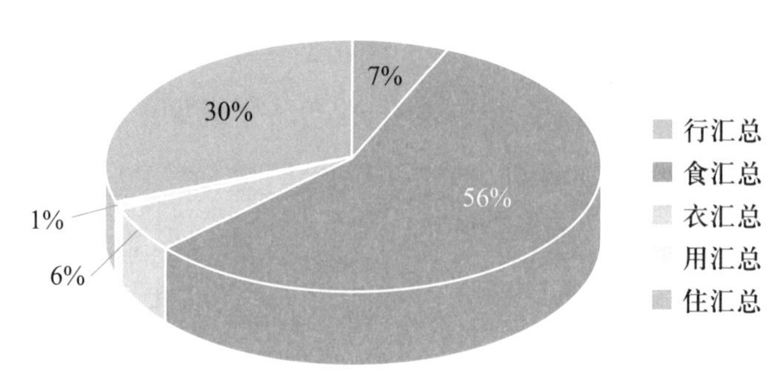


图 4-3-4　碳排放量各类型占比饼图

第二步：________________________________________________

________________________________________________________；

第三步：________________________________________________

________________________________________________________；

第四步：为每一系列单独设置颜色，如“行 汇总”系列采用“纯色填充”中的“钢蓝，着色 1”。

三、举一反三

打开“吉梅汽车销售数据.xlsx”，根据要求分别完成图表的制作，并思考不同图表的适用场合。

1. 用折线图表示各月份毛利润和净利润对比，效果如图 4-3-5 所示。

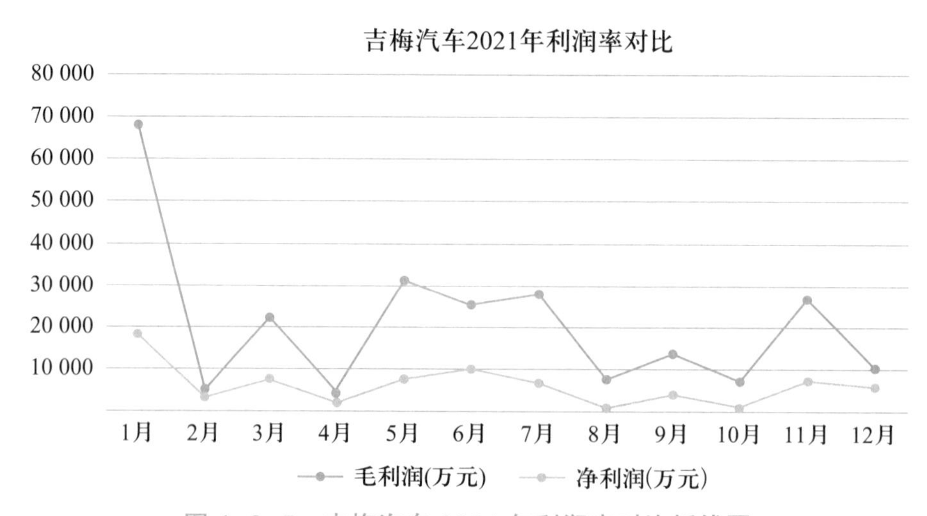


图 4-3-5　吉梅汽车 2021 年利润率对比折线图

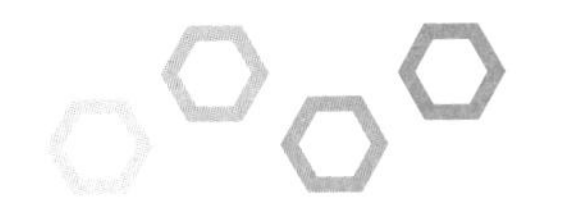



2. 用饼图表示销售额各月份占比，效果如图 4-3-6 所示。

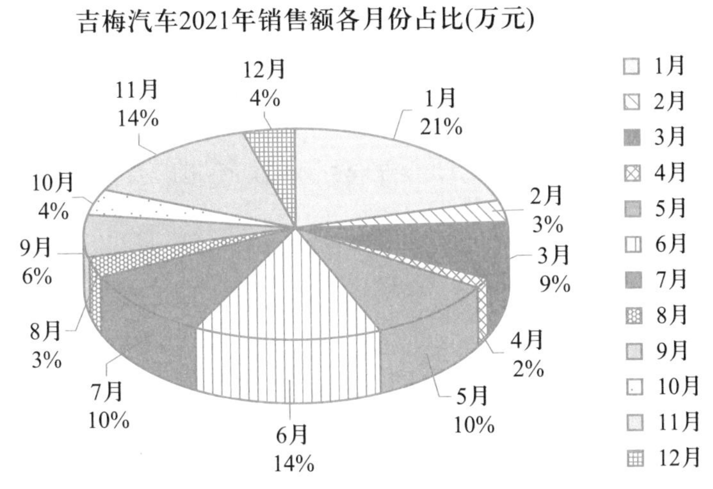


图 4-3-6 吉梅汽车 2021 年销售额各月份占比饼图

3. 用雷达图表示各月份销售指标完成情况，如图 4-3-7 所示。

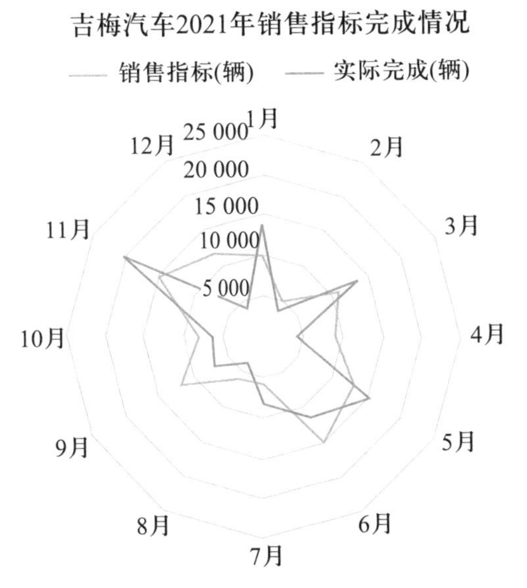


图 4-3-7 吉梅汽车 2021 年销售指标完成情况雷达图

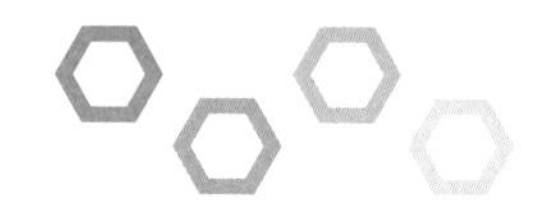

4. 连一连：通过以上练习，概括出常见图表的适用场合，并完成连线。

| | |
|---|---|
| | 将多维数据投影到平面上，实现多维数据的可视化 |
| 柱形图 | 用于显示一段时间内数据的变化或显示项之间的比较情况，常用于比较 |
| 折线图 | |
| 饼图 | 用于显示随时间而变化的连续数据，即呈现趋势 |
| 雷达图 | 用于显示一个数据系列中各项大小与各项总和的比例，常用于一个整体内各部分占比 |

## 探一探

1. 小信将制作好的图表交给高老师，高老师看完后觉得如果想用这些图表作为海报进行展出则还需进一步加工。那怎么样才能快速完成图表的美化操作呢？接下来，就请你和小信一起来试试吧！

（1）利用“图表样式”进行美化。

打开“小信每月碳排放量记录表 7.xlsx”，选中“Sheet1”中的簇状柱形图，单击________选项卡中“图表样式”下拉列表中的“样式 8”，并微调其中的元素，使其呈现图 4-3-8 所示效果。

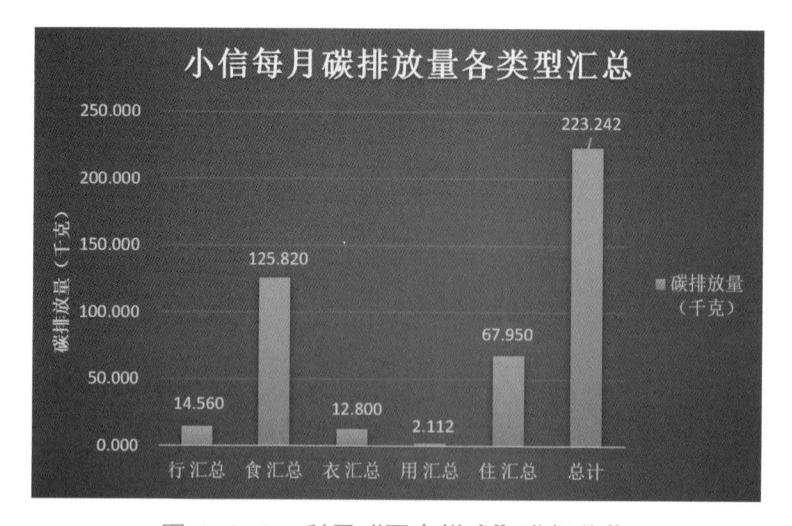


图 4-3-8　利用“图表样式”进行美化

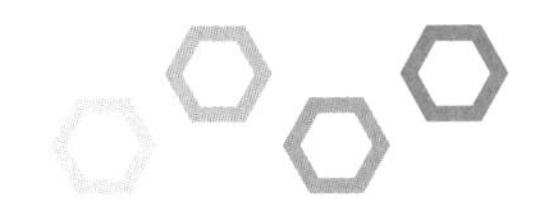



（2）自定义美化图表。

选中“Sheet1”中饼图，单击图表右侧的________按钮，在“颜色”选项卡中选择一种色彩，如图 4-3-9 所示；然后单击图表右侧的“设置图表区域格式”按钮，打开“属性”面板，为其图表区域设置“图案填充”，如图 4-3-10 所示。

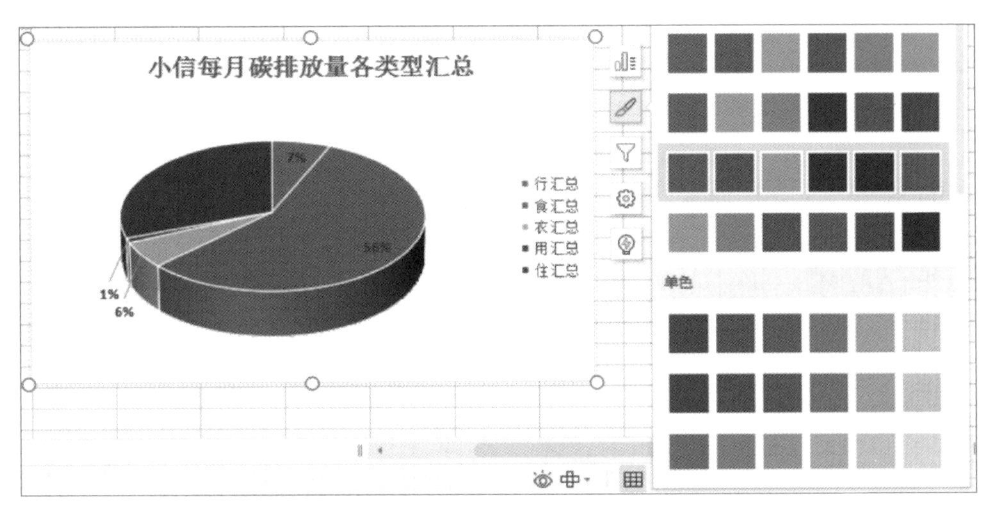


图 4-3-9　利用“图表样式”进行美化 2

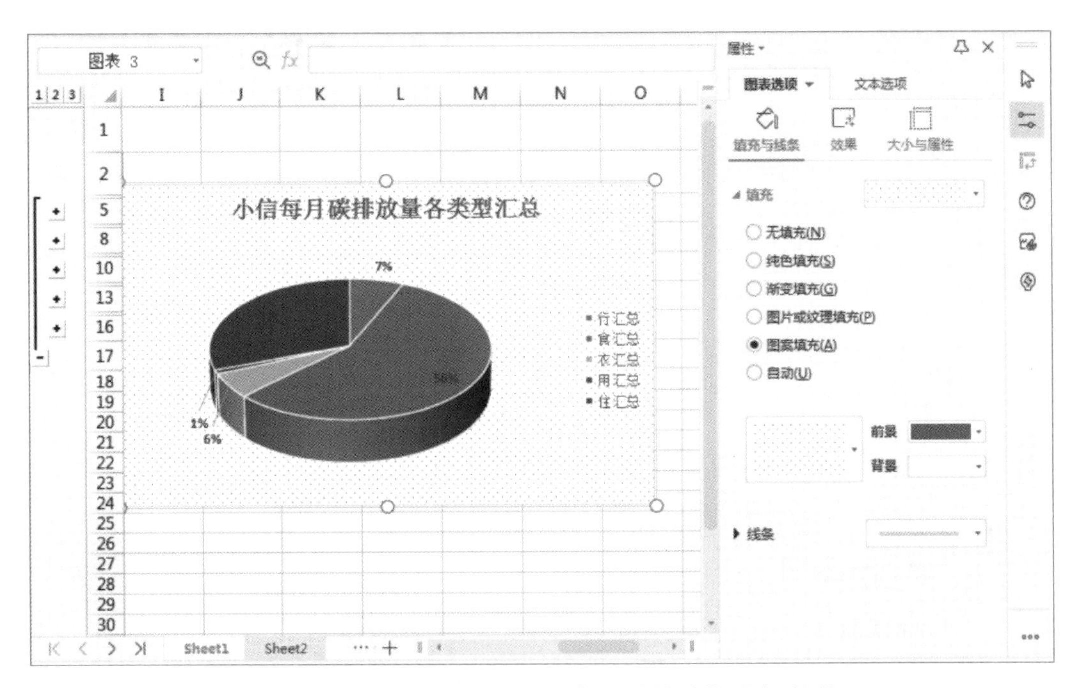


图 4-3-10　利用“设置图表区域格式”进行美化

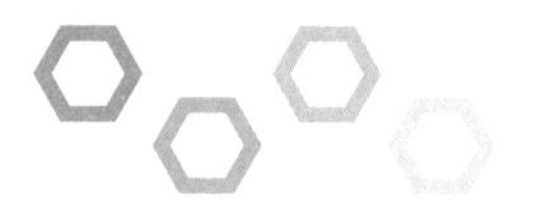

2. 在日常图表的使用过程中，除了建立单一图表外，有时还会需要用到组合图表。请你分别尝试用 WPS 表格和 Excel 完成图 4-3-11 所示组合图表的制作，并说一说操作过程有何异同。

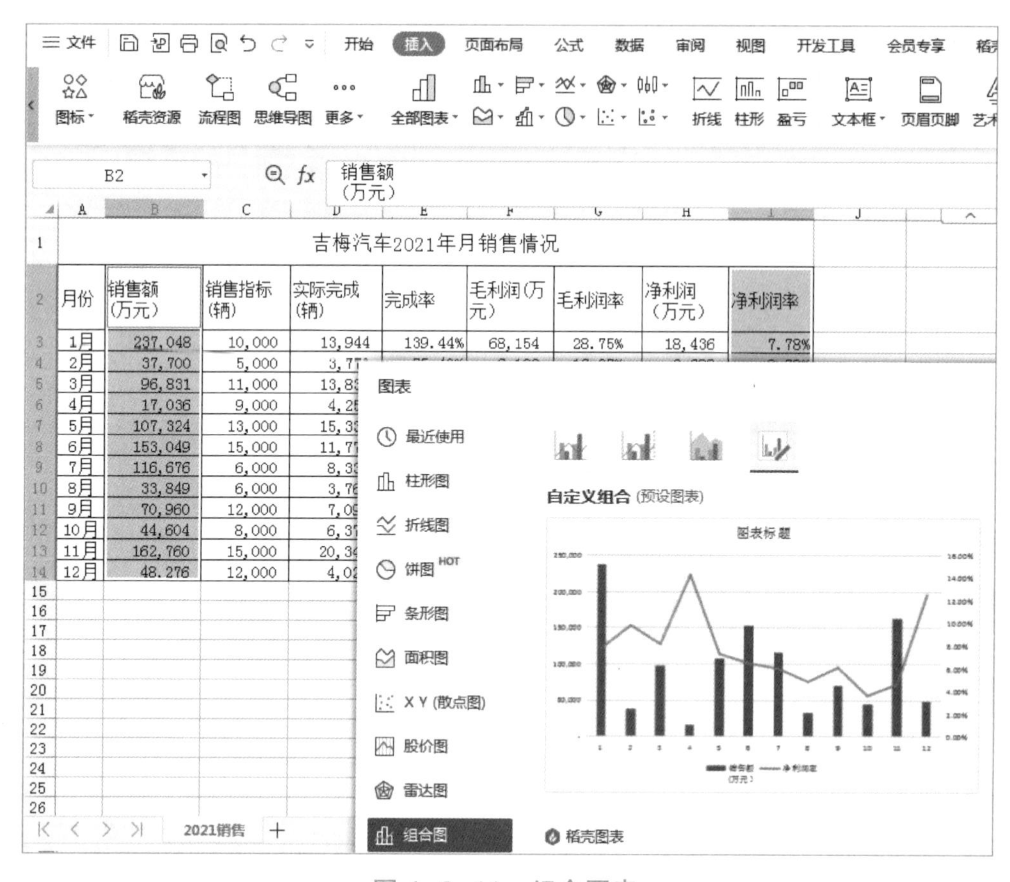


图 4-3-11　组合图表

## 任务 2　使用数据透视表和透视图

### 练一练

一、单项选择题

1. 数据透视表，可以实现对（　　）字段同时进行分类汇总。

A. 1 个　　　　B. 2 个

C. 多个　　　　D. 以上都不对

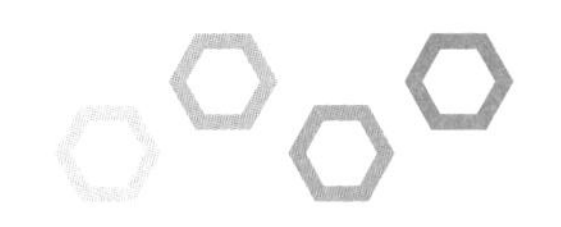



2. 在 WPS 表格中创建数据透视表时，数据源可以是（　　）。

A. 某一个单元格区域，如“A2:C10”

B. 外部数据源

C. 另一个数据透视表

D. 以上都可以

3. 属于组合图表的是（　　）。

A.　　　　　　　　B.

C.　　　　　　　　D.

二、填空题

1. 数据透视表是________、________和________数据的高效工具，便于对数据进行综合分析。

2. 在 WPS 表格中，若已经创建了数据透视表，可以通过单击________选项卡中的“数据透视图”按钮完成数据透视图的创建。

3. 设置数据透视图的方式与设置普通图表类似，可以通过________按钮和________按钮进行设置。

4. 在线数据分析也称________________，是一种新兴的软件技术，能快速灵活地进行数据的复杂查询处理，提供可视化的交互操作界面。

三、判断题（正确的打“√”，错误的打“×”）

（　　）1. 数据透视表灵活度低，不能根据需求快速地调整结果的显示方式。

（　　）2. 可以根据数据透视表创建相应的数据透视图，此透视图将随数据透视表的变化自动更新。

（　　）3. 在电子表格软件中创建数据透视表时，放置数据透视表的位置不仅可以是现有工作表，也可以是一个新工作表。

（　　）4. 数据透视表和数据透视图没有区别，创建时任选一种即可。

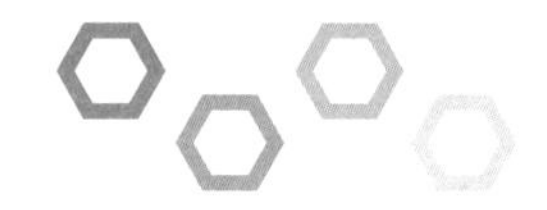

## 做一做

小信经常在朋友圈看到这样的文案——“学会数据透视表，让你的数据动起来”小信不禁好奇数据分析真有这么神奇吗？数据透视表真的能让数据动起来？于是，小信再次找到高老师，决定一探数据透视表的奥秘。

### 一、温故知新

仔细观察图 4-3-12 和图 4-3-13，对比两者的区别，并尝试说出有何区别。

| | A | B | C | D | E | F | G | H |
|---|---|---|---|---|---|---|---|---|
| 1 | 小信每月碳排放量记录表 | | | | | | | |
| 2 | 序号 | 类型 | 项目 | 每月用量 | 转换系数 | 转换系数单位 | 碳排放量（千克） | 排放量排名 |
| 5 | | 行 汇总 | | | | | 14.560 | |
| 8 | | 食 汇总 | | | | | 125.820 | |
| 10 | | 衣 汇总 | | | | | 12.800 | |
| 13 | | 用 汇总 | | | | | 2.112 | |
| 16 | | 住 汇总 | | | | | 67.950 | |
| 17 | | 总计 | | | | | 223.242 | |

图 4-3-12　分类汇总效果图

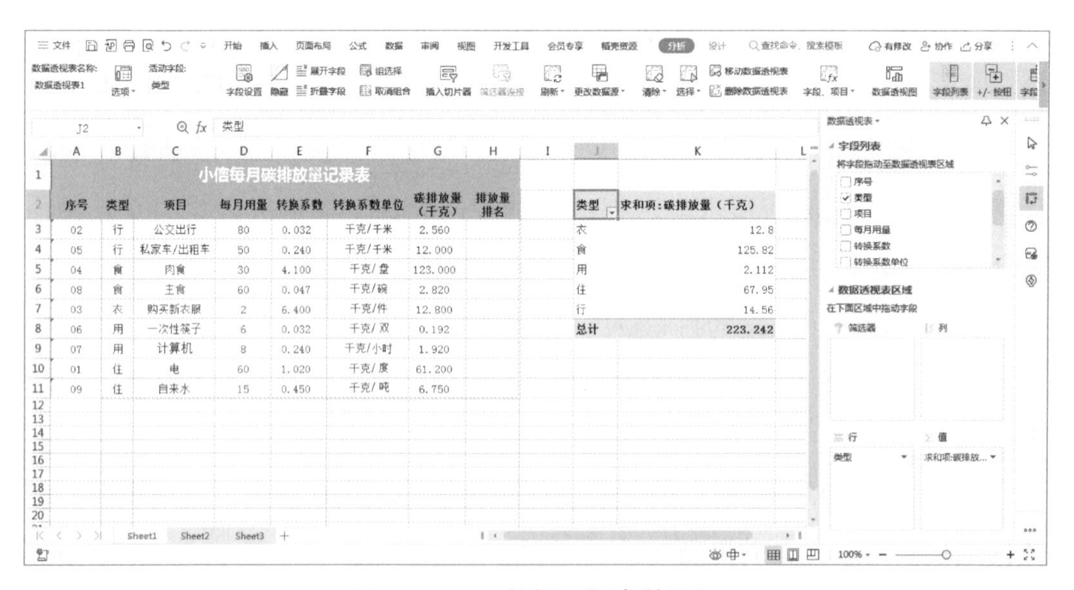

| | A | B | C | D | E | F | G | H |
|---|---|---|---|---|---|---|---|---|
| 1 | 小信每月碳排放量记录表 | | | | | | | |
| 2 | 序号 | 类型 | 项目 | 每月用量 | 转换系数 | 转换系数单位 | 碳排放量（千克） | 排放量排名 |
| 3 | 02 | 行 | 公交出行 | 80 | 0.032 | 千克/千米 | 2.560 | |
| 4 | 05 | 行 | 私家车/出租车 | 50 | 0.240 | 千克/千米 | 12.000 | |
| 5 | 04 | 食 | 肉食 | 30 | 4.100 | 千克/盘 | 123.000 | |
| 6 | 08 | 食 | 主食 | 60 | 0.047 | 千克/碗 | 2.820 | |
| 7 | 03 | 衣 | 购买新衣服 | 2 | 6.400 | 千克/件 | 12.800 | |
| 8 | 06 | 用 | 一次性筷子 | 6 | 0.032 | 千克/双 | 0.192 | |
| 9 | 07 | 用 | 计算机 | 8 | 0.240 | 千克/小时 | 1.920 | |
| 10 | 01 | 住 | 电 | 60 | 1.020 | 千克/度 | 61.200 | |
| 11 | 09 | 住 | 自来水 | 15 | 0.450 | 千克/吨 | 6.750 | |

| 类型 | 求和项:碳排放量（千克） |
|---|---|
| 衣 | 12.8 |
| 食 | 125.82 |
| 用 | 2.112 |
| 住 | 67.95 |
| 行 | 14.56 |
| 总计 | 223.242 |

图 4-3-13　数据透视表效果图

### 二、自主设计

1. 制作数据透视表，请补全图 4-3-14 操作步骤。

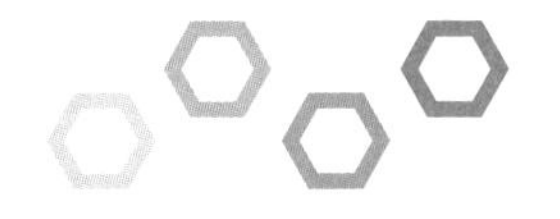



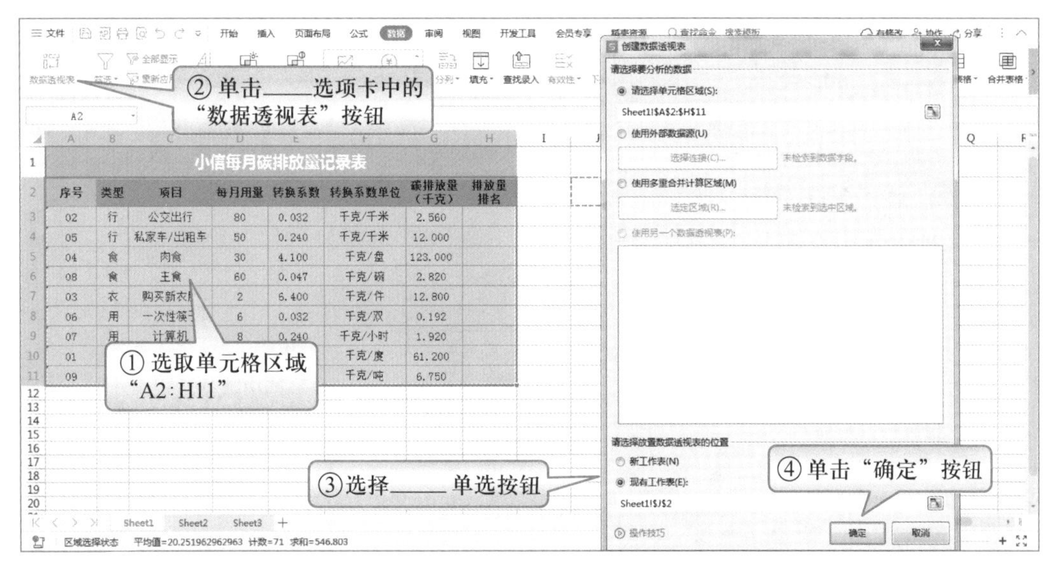


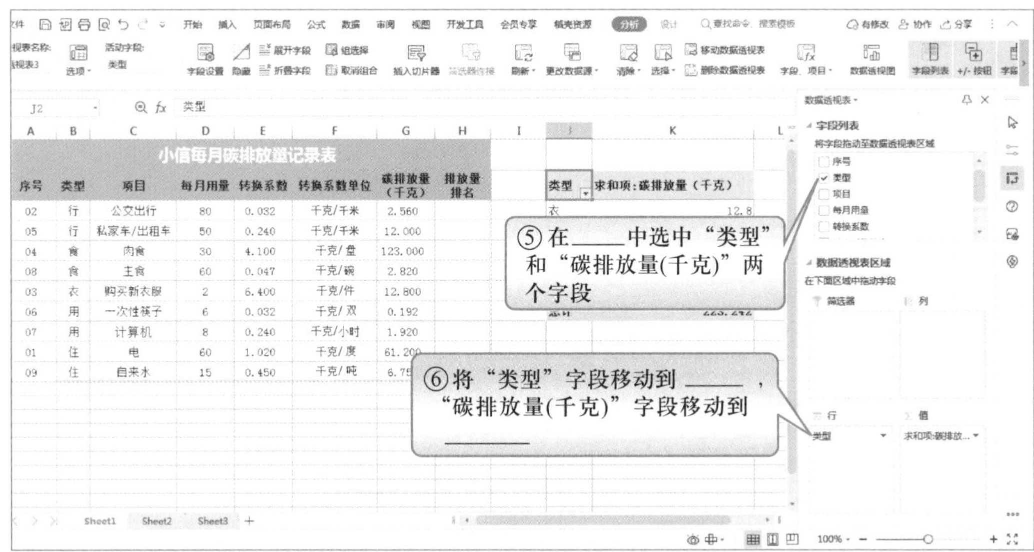


图 4-3-14 制作数据透视表

思考：“分类汇总”与“数据透视表”的区别，并完成以下填空。

① 用分类汇总进行统计时，需要先根据分类字段对数据进行________，分类字段一旦发生变化，就需要重新进行分类汇总。

② 利用数据透视表可以快速实现汇总分类的功能，可以实现对________个字段同时进行分类汇总，此外还可以根据需求随时调整结果的显示方式。

2. 美化数据透视表，请补全图 4-3-15 操作步骤。

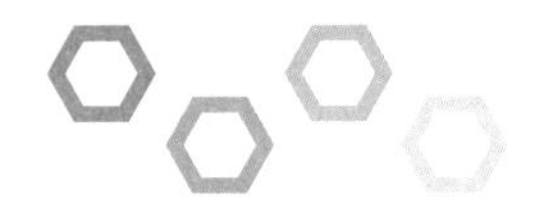

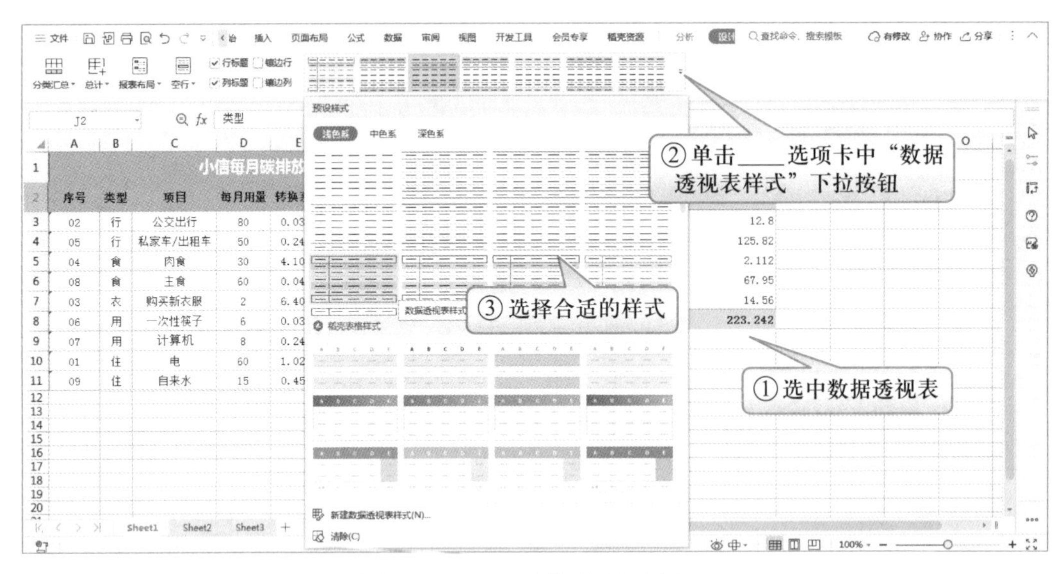


图 4-3-15　美化数据透视表

思考：除此之外，还可以通过什么方式设置数据透视表的样式？请将操作步骤简单写在下方框中。

|  |
| --- |
|  |

3. 创建数据透视图，请补全图 4-3-16 操作步骤。

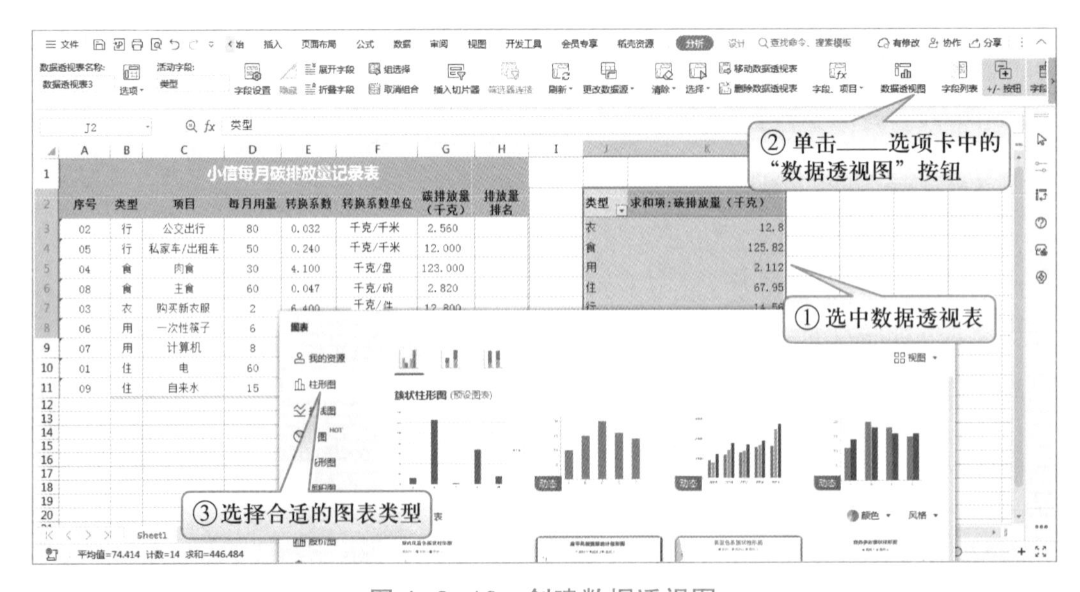


图 4-3-16　创建数据透视图

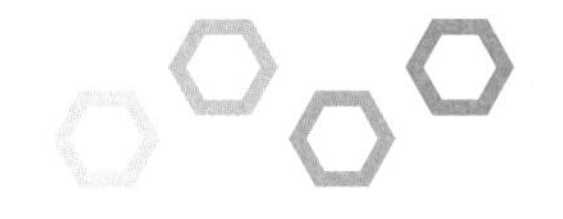



### 三、举一反三

请结合刚刚所学，试着完成图 4-3-17 所示每个地区每种产品的销售平均金额数据透视表，并完成以下填空。

| 销售金额 | 品名 | | | | | |
|---|---|---|---|---|---|---|
| 销售地区 | 按摩椅 | 跑步机 | 微波炉 | 显示器 | 液晶电视 | 总计 |
| 北京 | 50640 | 123860 | 25806 | 83824.28571 | 289646.4286 | 124683.6207 |
| 广州 | | 115775 | 30720 | 78246.25 | 515175 | 167014.0909 |
| 杭州 | 60000 | | 27573.33333 | 107205 | 293750 | 145545 |
| 南京 | 43200 | 108166.6667 | 42075 | 100920 | 405700 | 127108.4615 |
| 上海 | | 111833.3333 | 27125 | 81666.66667 | 200000 | 92750 |
| 重庆 | 50640 | 123860 | 25806 | 83824.28571 | 289646.4286 | 124683.6207 |
| 总计 | 49714.2857 | 118085 | 28327.7778 | 87968.0357 | 316165.217 | 129150.534 |

图 4-3-17　数据透视表

在整个制作过程中，“品名”字段放在________；“销售地区”字段放在________；“销售金额”字段放在________，并设置其“自定义名称”为________，“计算类型”为________。

### 探一探

在刚刚的练习中，小信已经深深地体会到了数据透视表的便利之处。数据透视表作为汇总、浏览和呈现数据的高效工具，便于数据进行综合分析，可以根据需求快速调整结果的显示方式，实现对多个字段同时进行分类汇总。但是，小信还是没能感受到朋友圈文案中所说的“让数据动起来”的感觉。接下来，让我们进一步探索数据透视表的奥秘，尝试图 4-3-18 所示的数据透视表切片，体验“让数据动起来”的感觉。

① 将光标定位在 Sheet1 工作表中数据区域的任意一个单元格，单击“插入”选项卡中的“数据透视表”按钮；

② 在弹出的“创建数据透视表”对话框中，设置选择的区域为“sheet1$A$1:$G$972”，选择放置数据透视表的位置为“现有工作表”中的“sheet2!$D$2”；

③ 将“产品类别”字段放在行；“金额”字段放在值，并设置其“计算类型”为“求和”；

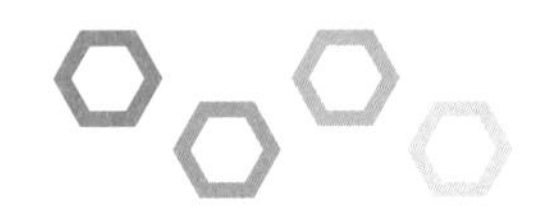



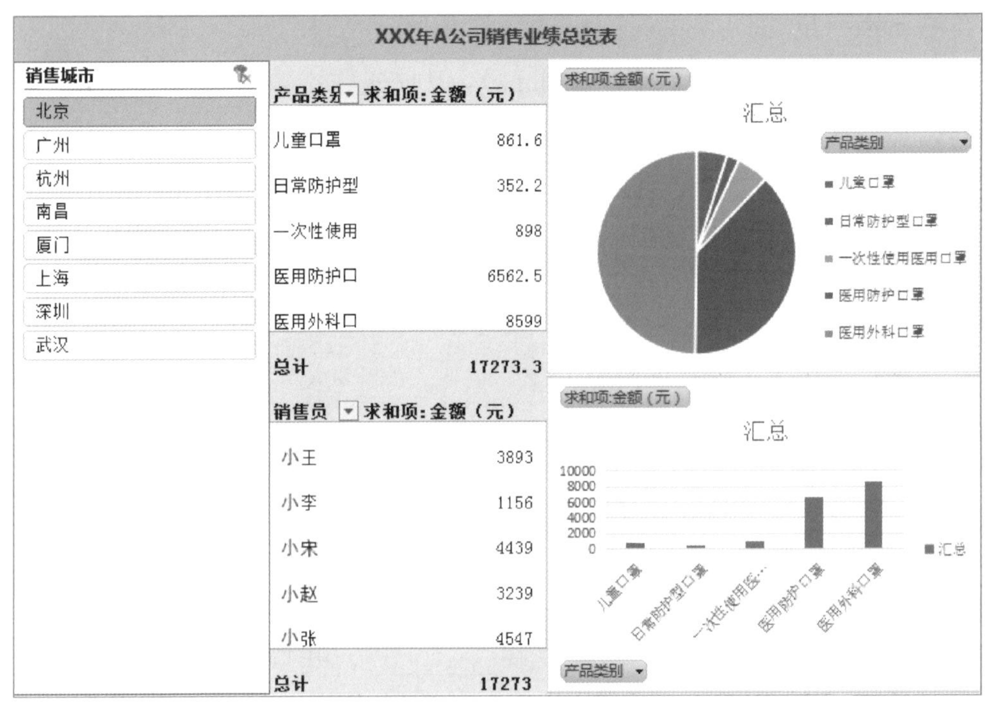


图 4-3-18　数据透视表切片

④ 选中该数据透视表，复制然后粘贴在该表格下方。修改行标签为“销售员”，将“金额”列数字的小数位数设置为 0；

⑤ 选中上方的数据透视表，插入一个饼图，并调整大小及位置，使其位于“F2:J8”单元格区域内；

⑥ 选中下方的数据透视表，插入一个柱形图，并调整大小及位置，使其位于“F9:J15”单元格区域内；

⑦ 选中任意一个数据透视表，单击“分析”选项卡中的“插入切片器”按钮。在弹出的“插入切片器”对话框中勾选“销售城市”复选框，会出现一个名为“销售城市”的切片器工具，调整其位置至最左边；

⑧ 在选中“销售城市”切片器工具情况下，单击“连接报表”按钮，在弹出的对话框中勾选已插入的两个数据透视表，单击“确定”按钮完成插入；

⑨ 此时，当单击左侧切片器中的城市时，右侧的两个数据透视表及两个数据透视图中会发生相应变化。

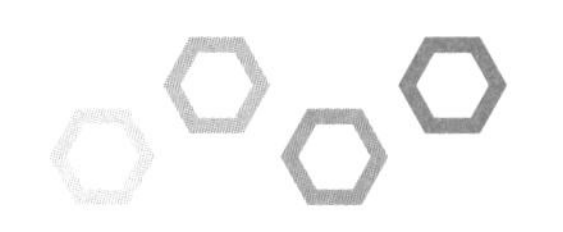



# 4.4 初识大数据

【学习目标】

1. 了解大数据基础知识。

（1）了解大数据的概念、特点，认识几个常见的大数据场景实例；

（2）了解大数据在各自专业背景下的用途和发展趋势。

2. 了解大数据采集与分析方法。

（1）了解大数据采集和分析的相关技术；

（2）了解什么是词云，并学会制作词云。

## 任务 了解大数据

练一练

一、单项选择题

1. 目前全球每年总数据量可以达到 ZB 级，描述的大数据特征是（　　）。

A. 数据类型多　　B. 数据体量大

C. 数据产生的速度快　　D. 数据价值密度低

2. 大数据的处理流程一般不包括（　　）。

A. 数据采集与预处理　　B. 数据存储

C. 数据压缩　　D. 数据挖掘

3. 智能手机中的相册自动分类属于数据挖掘所处理的问题类型中的（　　）。

A. 分类　　B. 预测

C. 聚类　　D. 关联规则

4. 从数据展示的角度来看，可视化技术不包括（　　）。

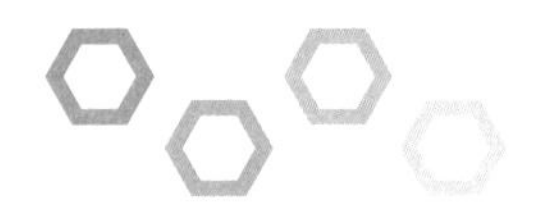

A. 数据结构可视化　　B. 数据功能可视化

C. 数据发展趋势可视化　　D. 数据结果可视化

5. 大数据的应用领域包括（　　）。

A. 金融　　B. 医疗

C. 环保　　D. 以上都对

二、填空题

1. 数据呈现也称________或________。

2. 数据采集是指从________或其他采集设备中获取数据。

3. 大数据的存储需要________________和________________的支持。

4. 数据挖掘所处理的问题类型大致可以分为________、________、________及________四种。

三、判断题（正确的打"√"，错误的打"×"）

（　　）1. 从技术的角度看，大数据指的是海量、高速增长和多样化的信息资产。

（　　）2. 采集的数据维度越多、越密集，大数据潜在的价值越大。

（　　）3. 大数据存储的数据类型是结构化数据。

（　　）4. NoSQL 泛指关系型数据库，是大数据存储中常用的数据库。

（　　）5. 物联网和大数据密不可分，物联网产生大数据，大数据助力物联网。

（　　）6. 随着大数据技术的飞速发展，大数据应用已经融入各行各业。

## 做一做

### 请把蛋挞和飓风用品摆在一起

2004 年，某大型连锁超市对"历史交易记录"这个庞大的数据库进行了分析。这个数据库记录的不仅包括每一位顾客的购物清单及消费额，还包括购物篮中的物品、具体购买时间，甚至购买当日的天气。

该公司注意到，每当在季节性飓风来临之前，不仅手电筒销售量增加了，而且蛋挞的销售量也增加了。因此，当季节性飓风来临时，该公司会把

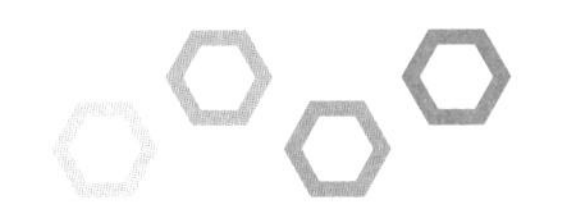



库存的蛋挞放在靠近飓风防护用品的位置，以方便行色匆匆的顾客购买，从而增加销量。

思考：在这个案例中，该公司做了怎样的销售预测？它是通过什么依据来判断的？

1. 认识大数据的特征（5V）。

连一连，完成下列大数据的特征及其解释的对应。

| | |
|---|---|
| 体量大（Volume） | 虽然拥有海量信息，但是真正可用的数据可能只是很小的一部分 |
| 类型多（Variety） | 指存储的数据包含结构化、半结构化和非结构化数据等形式 |
| 速度快（Velocity） | 数据量大，存储的数据能达到 TB、PB、EB、ZB 级别 |
| 真实性（Veracity） | 通过多维度自动采集和记录，累计速度快，且具有一定流动性 |
| 价值密度低（Value） | 大数据中的内容与现实世界中事物的发生和发展息息相关 |

2. 掌握大数据处理流程。

填一填，完成表 4-4-1 的填写。

表 4-4-1　大数据处理流程概要表

| 序号 | 处理流程 | 说明 | 特点 |
|---|---|---|---|
| 1 | 数据采集 | | 采集的数据维度越多、越密集，潜在价值越大 |
| 2 | 数据预处理 | 进行数据清洗，消除由于人为疏忽、设备异常或采样方法不合理等因素造成的数据误差、数据遗失、数据重复等问题 | 提高数据质量和完整性 |
| 3 | | 通过相应的数据中心把采集到的数据存储起来，并进行管理和调用 | 需要分布式文件系统和分布式数据库的支持 |

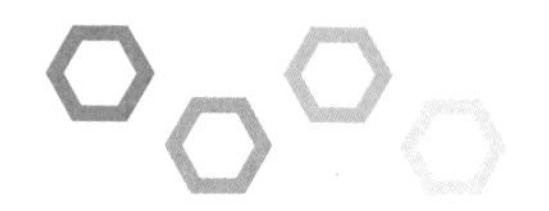

续表

| 序号 | 处理流程 | 说明 | 特点 |
| --- | --- | --- | --- |
| 4 | 数据挖掘 | 发掘先前未知且潜在有用的信息模型或规则，进而产生有价值的信息和知识，帮助决策者做出恰当的决策 | 分为________、________、________、________四种类型 |
| 5 | | 也称数据展示或数据可视化，能够帮助人们有效理解数据，最终真正利用好大数据 | 可视化技术可以分为________、________、________、________ |

3. 初步体验大数据——超市商品位置摆放的优化。

通过超市的购物篮分析，可以找出商品间的关联规则。

假设，顾客 1 买了啤酒、纸尿裤、洗洁精，顾客 2 买了奶粉、啤酒、纸尿裤，顾客 3 买了啤酒、纸尿裤、汽水、苹果，从这 3 位顾客的购物情况可以看出，把________和________摆在一起销售，可以方便顾客购买，同时可以推测出顾客画像是年轻的爸爸。

从 3 笔交易中可以直观看出商品之间的关联性，但要从成千上万次的交易中找出哪些商品具有最高的关联度就需要通过一定的方法来处理分析。

下面，体验一下如何根据销售记录来分析商品之间的关联性。

第一步：分析原始数据。

某商场销售单和销售记录表存储在二维表格中，为原始数据，见表 4-4-2 和表 4-4-3。请用笔圈出表 4-4-3 中同一单号的商品。

表 4-4-2　某商场销售单

| 销售单号 | 21001 | | 销售日期 | 2021-3-14 | | |
| --- | --- | --- | --- | --- | --- | --- |
| 类别编号 | 类别 | 商品名称 | 单价 / 元 | 规格 | 数量 | 金额 / 元 |
| A01 | 奶粉 | 康康奶粉 | 60.00 | 罐 | 2 | 120.00 |
| B06 | 啤酒 | 星星啤酒 | 5.00 | 瓶 | 3 | 15.00 |
| A02 | 牛奶 | 青青牛奶 | 135.00 | 箱 | 1 | 135.00 |
| C12 | 花生 | 甜甜花生 | 30.00 | 包 | 1 | 30.00 |
| | | | | | 应收 | 300.00 |

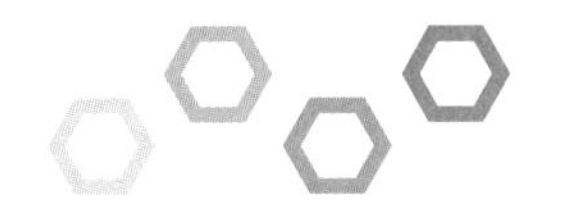



表 4-4-3 销售记录表

| 单号 | 销售日期 | 类别编号 | 类别 | 商品名称 | 单价 / 元 | 规格 | 数量 | 金额 / 元 |
|---|---|---|---|---|---|---|---|---|
| 21001 | 2021-3-14 | A01 | 奶粉 | 康康奶粉 | 60.00 | 罐 | 2 | 120.00 |
| 21001 | 2021-3-14 | B06 | 啤酒 | 星星啤酒 | 5.00 | 瓶 | 3 | 15.00 |
| 21001 | 2021-3-14 | A02 | 牛奶 | 青青牛奶 | 135.00 | 箱 | 1 | 135.00 |
| 21001 | 2021-3-14 | C12 | 花生 | 甜甜花生 | 30.00 | 包 | 1 | 30.00 |
| 21002 | 2021-3-15 | B06 | 啤酒 | 远山啤酒 | 5.00 | 瓶 | 5 | 25.00 |
| 21002 | 2021-3-15 | C12 | 花生 | 美美花生 | 36.00 | 包 | 2 | 72.00 |
| 21002 | 2021-3-15 | D02 | 牙膏 | 晶亮牙膏 | 38.00 | 支 | 2 | 76.00 |
| 21003 | 2021-3-15 | B06 | 啤酒 | 远山啤酒 | 5.00 | 瓶 | 2 | 10.00 |
| 21003 | 2021-3-15 | A01 | 奶粉 | 康康奶粉 | 60.00 | 罐 | 2 | 120.00 |
| 21004 | 2021-3-15 | A02 | 牛奶 | 青青牛奶 | 135.00 | 箱 | 2 | 270.00 |
| … | | | | | | | | |

第二步：提取关联信息。

为了分析两种商品的关联度，先根据销售单数据来提取信息，在同一张销售单中的商品就认为是有关联的，如表 4-4-2 所示的销售单中的 4 件商品就是有关联的。

我们可以把提取的关联信息记录在商品关联记录表中，并将商品中编号小的作为商品编号 1，编号大的作为商品编号 2。为方便分析，本例中关联度统一设置为 1，故销售单号为 21001 的 4 件商品共产生 6 条关联记录，见表 4-4-4。

请你继续完成表 4-4-4 商品关联记录表，提取销售单号为 21002 和 21003 中商品的关联记录。

表 4-4-4 商品关联记录表

| 销售单号 | 商品编号 1（小） | 商品编号 2（大） | 关联度 |
|---|---|---|---|
| 21001 | A01 | B06 | 1 |
| 21001 | A01 | A02 | 1 |

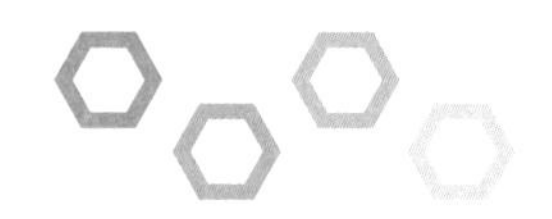

续表

| 销售单号 | 商品编号 1（小） | 商品编号 2（大） | 关联度 |
| --- | --- | --- | --- |
| 21001 | A01 | C12 | 1 |
| 21001 | A02 | B06 | 1 |
| 21001 | A02 | C12 | 1 |
| 21001 | B06 | C12 | 1 |
| | | | |
| | | | |
| | | | |
| | | | |

第三步：统计关联数据。

根据表 4-4-4，利用分类汇总等方法统计出商品的关联数据，并将表 4-4-5 补充完整。

表 4-4-5　商品关联统计表

| 商品编号 1（小） | 商品编号 2（大） | 关联次数 |
| --- | --- | --- |
| A01 | A02 | 1 |
| A01 | B06 | |
| A01 | C12 | |
| A02 | B06 | |
| A02 | C12 | |
| B06 | C12 | |
| B06 | D02 | |
| C12 | D02 | |
| … | | |

由上表可以得出，商品编号为________的商品________和商品编号为________的商品________，以及商品编号为________的商品________和

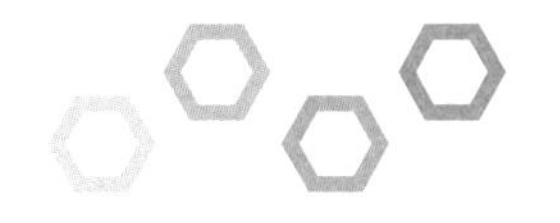



商品编号为________的商品________关联次数为2，其余均为1。

第四步：决策应用。

根据本次案例中商品的关联统计分析，我们得出可以把________和________、________和________摆放在一起销售，以方便顾客购买。

## 探一探

1. 初探大数据——找出最优换乘方案。

在地图软件中设置起点为你家的地址，设置终点为学校地址，单击“搜索”按钮获得所有公交换乘方案，并尝试找出最佳方案，完成表4-4-6的填写。

表4-4-6 换乘方案

| 起点地址 | | 终点地址 | |
|---|---|---|---|
| 所有公交换乘方案 | | | |
| 方案一 | | | |
| 方案二 | | | |
| 方案三 | | | |
| 方案四 | | | |
| 方案五 | | | |
| 最快的方案 | | 最省钱的方案 | |
| 步行最少的方案 | | 乘坐地铁的方案 | |

2. 感知大数据——聊一聊身边的大数据。

开展头脑风暴，将你生活中遇到的与大数据相关的案例记录到表

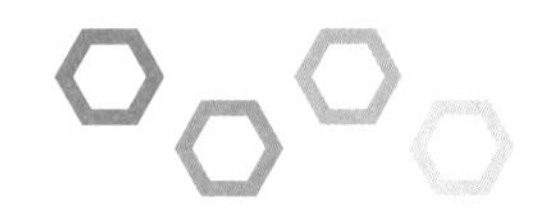

4-4-7 中，然后进行组内交流，说一说大数据有什么作用。

表 4-4-7　身边的大数据

| 序号 | 大数据案例 | 大数据的作用 |
| --- | --- | --- |
| 1 | 举例：自己和父母都经常使用某购物软件进行网络购物，但是当分别使用各自账号登录该购物平台时，购物平台首页呈现的内容是不一样的 | |
| 2 | | |
| 3 | | |

## 单 元 测 验

### 一、单项选择题

1. 适合存储在电子表格或关系数据库中的是（　　）。

A. 结构化数据　　B. 半结构化数据

C. 非结构化数据　　D. 文件系统

2. 在工作簿中选取连续的工作表时，首先单击第一个工作表，然后按住（　　）键，再单击最后一个工作表。

A. Ctrl　　B. Shift　　C. Tab　　D. Alt

3. 在电子表格软件中，每个单元格都有其固定的地址，如“B6”表示（　　）。

A. 第 B 行第 6 列　　B. 第 2 行第 6 列

C. 第 6 行第 B 列　　D. 以上都不对

4. 如果要在电子表格中输入身份证号码，则该单元格格式应该设置为（　　）。

A. 数值　　B. 文本　　C. 日期　　D. 常规

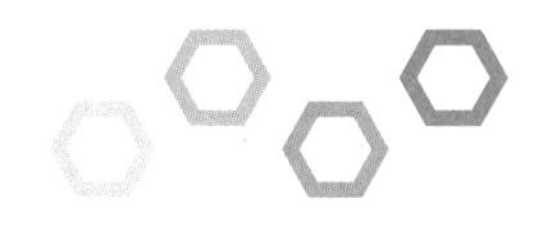



5. 如果复制的数值目标单元格放不下，会显示（　　）。

A. ######　　B. #REF！

C. #NUM　　D. #DIV

6. 已知单元格 A1 的值为 5，B1 的值为 6，C1 值由 A1 + B1 得到。若要复制 C1 的公式到单元格 D1 中，应使用“选择性粘贴”中的（　　）。

A. 全部　　B. 公式　　C. 数值　　D. 格式

7. 在电子表格软件中，函数“= SUM（B1:B4）”的含义是（　　）。

A. 求 B1:B4 范围内数字的个数

B. 求 B1:B4 范围内数字的平均数

C. 求 B1、B4 的和

D. 求 B1:B4 范围内数字的和

8. 在电子表格软件中，一个函数由（　　）组成。

A. 函数名　　B. 函数名、参数

C. 函数名、小括号　　D. 函数名、参数、小括号

9. 以下运算符中，不属于关系运算符的是（　　）。

A. =　　B. <　　C. >　　D. &

10. 某单元格显示内容为 10，单击该单元格，在编辑栏不可能出现的是（　　）。

A. 10　　B. 4 + 6

C. = SUM（A3:B3）　　D. = A3 + B3

11. 将单元格数字格式设置为数值型，默认的小数位数是（　　）。

A. 0　　B. 1

C. 2　　D. 没有明确规定

12. 在电子表格软件中，当鼠标指针为黑色十字形时，表示（　　）。

A. 自动填充　　B. 选择单元格

C. 移动单元格　　D. 删除单元格

13. 在单元格 E2 中计算 B2:D2 三个单元格数值的总和，可以使用公式“= B2 + C2 + D2”，也可以使用函数“= SUM（B2:D2）”。如果在 B 列和 C 列之间增加一列，以下说法正确的是（　　）。

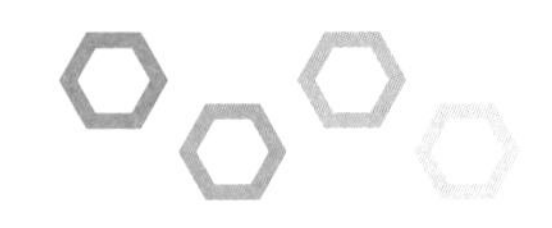

A. 公式会自动更新为“=B2+C2+D2+E2”

B. 函数会自动更新为“=SUM（B2:E2）”

C. 两种方法都不会自动更新

D. 两种方法都会自动更新

14. 单元格地址 B5 采用的是（　　）。

A. 相对引用　　B. 绝对引用

C. 单一引用　　D. 混合引用

15. 在电子表格软件中复制筛选后的数据表区域，以下描述正确的是（　　）。

A. 只复制筛选结果，不包括隐藏数据

B. 复制所有数据，包括隐藏数据

C. 只能复制到原表的其他位置，不可以复制到新表中

D. 粘贴后还有筛选下拉按钮

16. 当一个函数中包含多个参数时，参数之间用（　　）分隔。

A. 冒号　　B. 分号　　C. 逗号　　D. 以上都不对

17. 以下关于电子表格软件中排序功能的描述中错误的是（　　）。

A. 可以按行排序　　B. 可以按列排序

C. 可以自定义序列排序　　D. 最多允许三个排序关键字段

18. 以下关于分类汇总的描述中错误的是（　　）。

A. 分类汇总前先要按分类字段排序

B. 一次分类汇总只能选择一种汇总方式

C. 多个分类汇总可以一次性删除

D. 一次只能对一个字段进行分类汇总

19. 在单元格中不能输入的内容是（　　）。

A. 文本　　B. 数值　　C. 图表　　D. 日期

20. 图表中的（　　）用于显示一个整体内各部分所占的比例。

A. 柱形图　　B. 折线图　　C. 雷达图　　D. 饼图

21. 以下关于电子表格软件中图表的描述中错误的是（　　）。

A. 可以通过“插入”选项卡插入图表

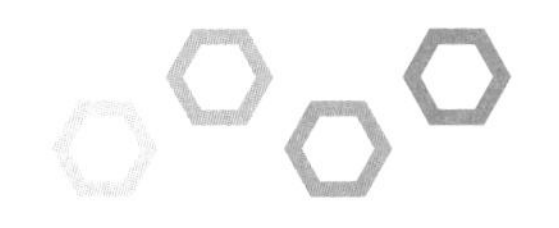



B. 图表有二维图表和三维图表

C. 删除数据表对图表没有影响

D. 删除图表对数据表没有影响

22. 以下关于数据透视表的描述中错误的是（　　）。

A. 汇总、浏览、呈现数据的高效工具

B. 可以根据需求快速调整结果的显示方式

C. 一次只能对一个字段进行分类汇总

D. 可以根据数据透视表创建数据透视图

23. 以下关于大数据的描述中错误的是（　　）。

A. 大数据指传统数据处理应用软件不足以处理的大或复杂的数据集

B. 大数据通过多维度的自动采集和记录，积累速度快

C. 大数据需要分布式文件系统和分布式数据库的支持

D. 大数据存储的数据类型是结构化数据

24. 以下关于大数据特征的描述中错误的是（　　）。

A. 数据体量大　　B. 数据类型多

C. 数据价值密度高　　D. 数据产生的速度快

25. 通过购物篮分析，发现不同商品项之间的关系，找出顾客购买行为模式，这属于数据挖掘中的（　　）。

A. 分类　　B. 预测　　C. 聚类　　D. 关联规则

## 二、填空题

1. 金山公司发行的________和微软公司发行的 Excel 是两款常用的电子表格处理软件，两者均提供桌面版本和移动终端版本。

2. 不用于数值计算的数字，原则上都均应作为________类型被输入到单元格中。

3. 在电子表格软件中，求平均数的函数为________。

4. 公式“=SUM（A3:A5，F4:F7）”中，参加求和运算的单元格分别是________。

5. 将学生学籍表按“班级”升序排列，班级相同的再按“姓名”升序排列，在“排序”对话框中应将________设为主要关键字。

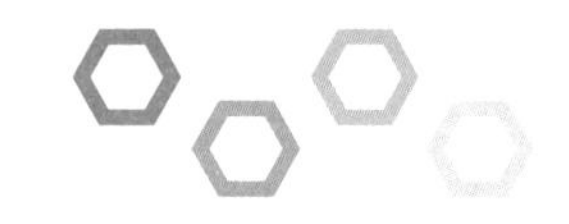

6. 图表是动态的，当与图表相关的工作表中的数据发生变化时，图表会________。

7. 电子表格软件的数据筛选功能包括自动筛选、自定义筛选和________。

8. 通过“数据透视表字段”窗格中“值”下拉菜单中的________可以更改数据透视表的汇总方式。

9. 数据透视表可以实现对________个字段同时进行分类汇总。

10. 1 TB = ________GB，1 PB = ________TB，1 EB = ________PB，1 ZB = ________EB。

三、判断题（正确的打“√”，错误的打“×”）

（　　）1. 导入数据时，不需要对数据进行查验，直接导入即可。

（　　）2. 在线数据处理平台方便企业和个人进行协同工作，提高工作和生产效率。

（　　）3. 格式化数据可以实现单元格数据类型的转换和呈现方式的改变，增强数据的可读性和辨识度。

（　　）4. 在电子表格软件中，所有用于计算的表达式都要以等号“=”开头。

（　　）5. WPS 表格不支持单元格数据类型之间的转换。

（　　）6. 移动或复制工作表只能在同一个工作簿内进行，不能移动或复制到其他工作簿。

（　　）7. 绝对引用是在单元格行号和列号前各加一个“$”符号表示单元格地址。

（　　）8. 需要设置条件区域进行筛选的是自定义筛选。

（　　）9. 对数据表进行筛选操作后，相应的图表也会发生改变。

（　　）10. 在电子表格软件中对西文字符进行排序是不能区分大小写的。

（　　）11. 分类汇总可以实现按类别对指定字段进行计数、求和、求平均值等汇总运算。

（　　）12. 数据透视图和图表功能是一样的。

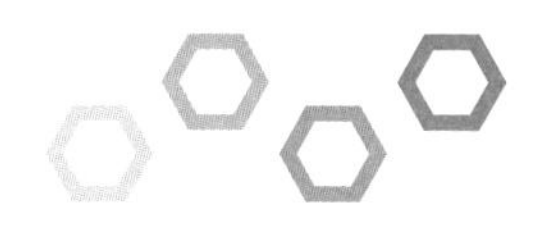



（　　）13. 当数据透视表的数据更新时，数据透视图会自动随之更新。

（　　）14. 大数据处理主要指从海量数据中获取需要的信息，并进行加工分析得到有用的知识。

（　　）15. 网页浏览、在线支付、外卖订购等过程中产生的数据可以直接分析、使用，不需要预处理。

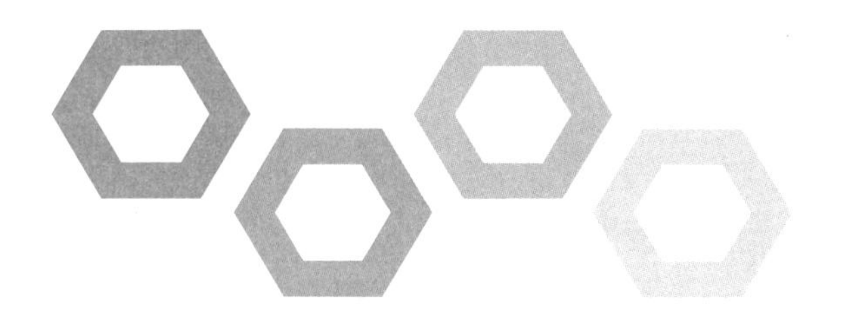

# 第5单元 程序设计入门

## 单元目标

了解程序设计理念 》》》

设计简单程序 》》》

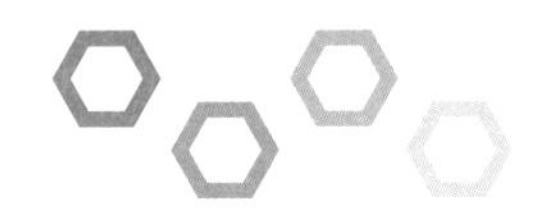

# 5.1　初识程序设计

## 【学习目标】

1. 了解程序设计基础知识，理解运用程序设计解决问题的逻辑思维理念。

（1）了解程序设计的基本思想；

（2）了解使用程序解决问题的基本流程；

（3）了解流程图的基本绘制方法。

2. 了解常见主流程序设计语言的种类和特点。

（1）能列举出常见的程序设计语言；

（2）了解几种常见程序设计语言的优缺点；

（3）了解 Python 语言的优势，以及它在行业里的应用。

## 任务 1　认识算法

### 练一练

一、单项选择题

1. 以下关于算法的描述，错误的是（　　）。

A. 一个算法所包含的计算步骤是有限的。

B. 一个算法有 0 个或多个输入项。

C. 一个算法可以有 0 个或多个有效的输出项。

D. 算法执行的每一个步骤必须有确切的定义，不能模棱两可。

2. 编写计算机程序解决问题的第一步为（　　）。

A. 设计算法　　　　B. 编写程序

C. 分析问题　　　　D. 调试运行程序

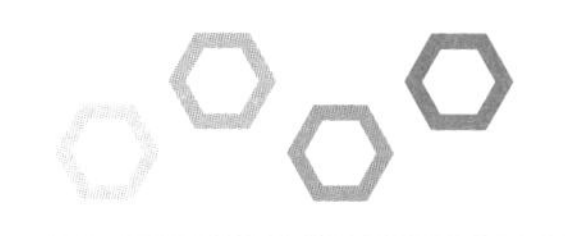



3. 在流程图中矩形表示算法的（　　）。

A. 判断　　B. 处理　　C. 输入　　D. 输出

4. 描述算法除了用自然语言外，最常用的还有（　　）。

A. 机器语言　　B. 流程图

C. 汇编语言　　D. 低级语言

5. 以下关于算法的描述，正确的是（　　）。

A. 算法就是程序

B. 算法就是按照一定规则解决某一问题的明确而有限的步骤

C. 算法就是计算方法

D. 算法就是流程图

## 二、填空题

1. 程序设计就是把________转换为计算机程序的过程。

2. 算法就是解决问题的________和________。

3. 算法的特征有________、________、________、________和________。

4. 在设计算法时，通常可以用________或________来描述算法。

5. 完成表 5-1-1 流程图常用图形符号名称及其功能的填写。

表 5-1-1　流 程 图 例

| 图形符号 | 名称 | 功能 |
| --- | --- | --- |
| （圆角矩形） | | |
| （平行四边形） | | |
| （矩形） | | |
| （菱形） | | |
| → 或 ↓ | | |
| ○ | | |

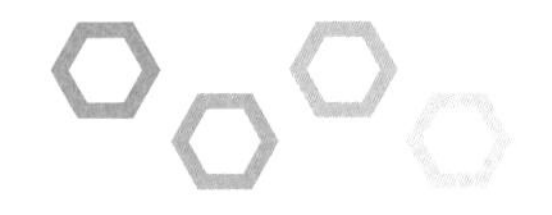

三、判断题（正确的打“√”，错误的打“×”）

（　　）1. 利用计算机解决“智能停车场车位引导”问题需要分析问题→设计算法→编写程序→调试运行程序等步骤。

（　　）2. 使用自然语言描述算法不但通俗易懂，而且能够便捷地翻译成计算机程序设计语言。

（　　）3. 在绘制流程图来描述算法时，只需把程序的算法描述清楚，至于流程图符号没有特定的要求。

（　　）4. 流程图的优点是直观、清晰、简洁、易懂。

## 做一做

三国时期，曹操收到孙权送给他的一头大象，他很高兴，带着儿子和官员们一同去看。

大象又高又大，身子像一堵墙，腿像四根柱子。官员们一边看一边议论：“这么大的象，到底有多重呢？”

曹操问：“谁有办法把这头大象称一称？”有的说：“得造一杆大秤，砍一棵大树做秤杆。”有的说：“有了大秤也不行啊，谁有那么大的力气提得起这杆大秤呢？”也有的说：“办法倒有一个，就是把大象宰了，割成一块一块再称。”人们你一言我一语，但没有一个切实可行的办法。

曹操的儿子曹冲才七岁，他站出来，说：“我有个办法。把大象赶到一艘大船上，看船身下沉多少，就沿着水面，在船舷上画一条线。再把大象赶上岸，往船上装石头，装到船下沉到画线的地方为止，然后称一称船上的石头，石头有多重，大象就有多重。”

曹操微笑着点一点头。他叫人照曹冲说的办法去做，果然称出了大象的重量。

1. 使用自然语言进行描述（参考划线的句子，用简洁的语言对曹冲称象的过程进行描述）。

第 1 步：把大象赶到船上______

第 2 步：______

第 3 步：________________________

第 4 步：________________________

第 5 步：________________________

第 6 步：________________________

2. 绘制流程图进行描述，请补全图 5-1-1。

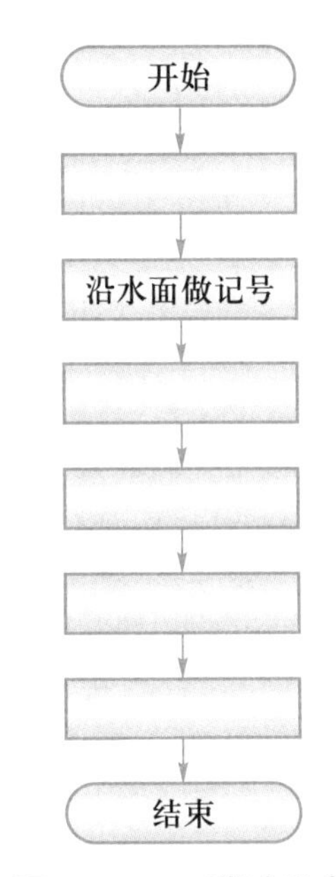

图 5-1-1　曹冲称象流程图

3. 阅读下面文字，对曹冲称象的故事进行重新思考并完成习题。

我们可以发现，在之前的算法中第 4 步往船上放石头时，需要判断放上去的石头是否与水面做的记号齐平，这一过程被称为判断，在流程图中使用菱形进行表示。同样在称量石头时，需要判断所有的石头是否称量完毕，计算出船上所有石头的总重量，直到石头的总重量等于大象的重量。

根据题意重新对下面的所提供的自然语言进行排序________________________

① 把大象赶上船；

② 观察往船上放石头时是否与记号齐平；

③ 沿水面做记号；

④ 放石头到船上；

⑤ 赶大象下船；

⑥ 船上的石头是否全部称量完毕；

⑦ 称石头。

根据排列好的序号，选择适当的序号填入图 5-1-2 相对应的位置。

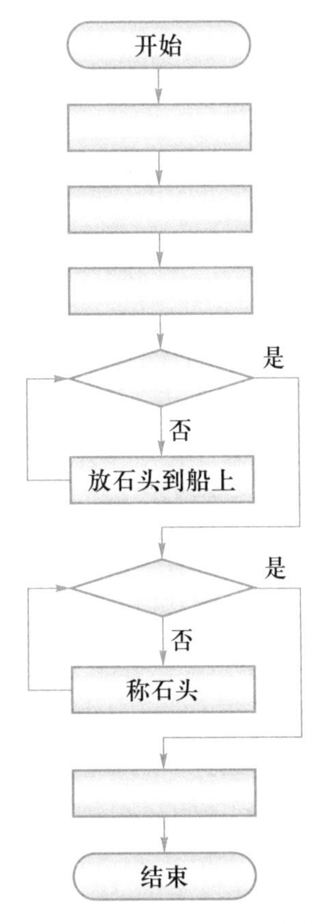

图 5-1-2　曹冲称象循环判断流程图

## 探一探

1. 高速公路收费流程。

某高速公路收费计算公式为：

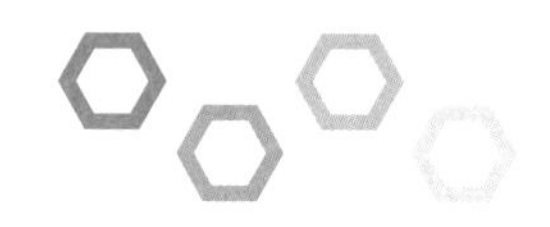

收费金额=收费系数 × 费率 × 行驶里程数

已知 19 座客车的收费系数为 1.5，费率为 0.67 元 / 千米，用流程图描述输入行驶里程数计算过路费的算法。（操作提示：已知收费系数和费率，要计算过路费，只需要输入行驶里程数即可根据计费公式计算。）

根据题意对下列自然语言进行排序＿＿＿＿＿＿＿＿

① 输入行驶里程数，② 通过计算公式计算过路费，③ 对收费系数赋值，④ 对费率赋值，⑤ 输出收费金额。

选择适当的序号填入图 5-1-3。

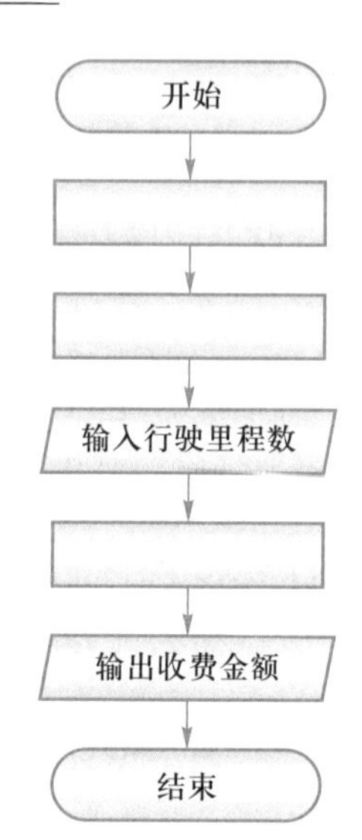


图 5-1-3　高速公路收费流程图

2. 一个流程图包括以下几个部分？（通过网络查找完成）

3. 流程图有什么特点？（通过网络查找完成）

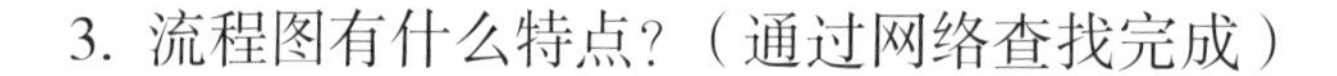

## 任务 2　使用程序设计语言

### 练一练

一、单项选择题

1. 以下不属于计算机程序设计中高级语言的是（　　）。

A. 汇编语言　　B. Fortran　　C. C++　　D. Python

2. 具有可视化设计界面和事件驱动编程机制的高级语言是（　　）。

A. Fortran　　B. Visual Basic

C. C　　D. Python

3. Python 程序设计语言的应用一般不包括（　　）。

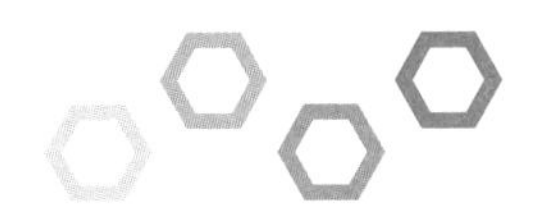



A. 人工智能的开发　　B. 底层开发

C. Web 应用开发　　D. 游戏开发

4. 在 Python 中对变量赋值方式不正确的是（　　）。

A. a = 1　　B. a = b = c = 1

C. a == 1　　D. a，b，c = 1，2，3

5. 在 Python 中对于常量的变量名定义一般为（　　）。

A. rate　　B. Rate　　C. rAte　　D. RATE

6. Python 中的算术运算符“**”的含义是（　　）。

A. 2 次方　　B. 幂

C. 乘以 2　　D. 不存在该符号

7. Python 中的算术运算符“%”的含义是（　　）。

A. 求百分比　　B. 取整

C. 取余　　D. 幂运算

8. 已知“a = 3，b = 6”，a//b 的结果是（　　）。

A. 0.5　　B. 0　　C. 3　　D. 2

9. 表达式 11/4 的值为（　　）。

A. 2　　B. 3　　C. 2.75　　D. 3

10. 在 PyCharm 中快速运行上一次运行过的程序，可以使用（　　）组合键。

A. Shift + F5　　B. Shift + F10

C. Ctrl + F10　　D. Ctrl + F5

二、填空题

1. 计算机程序是计算机能够识别和执行的________或________的序列。

2. 程序设计语言是编写________的语言。

3. 程序设计语言按照发展历程依次为________、________、________。

4. 高级语言有 Fortran、Basic、Visual Basic、C ++、________、________、________等。

5. 程序的基本结构有________、________和________。

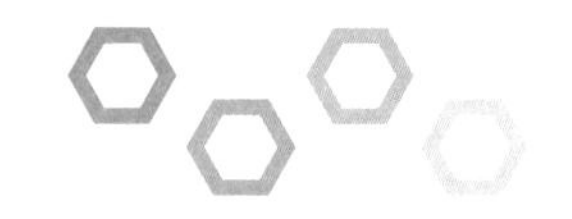

6. 顺序结构是按照________执行程序，是最简单的程序结构。

7. 选择结构也称________，是根据给定的________选择执行的程序语句。

8. 循环结构是根据给定的条件________执行________的程序语句。

9. 函数是指________的一段程序，用于实现________，可以反复执行，具有函数名、参数和________。

10 表达式是由________、________和________通过运算符连接起来的有意义的式子。

11. 输出“Python”的 Python 代码为________________________。

12. Python 程序中单行注释使用________符号。

13. 调试和运行 Python 程序通常有两种方式：一种是使用________运行编程环境，另一种是使用________，两种方式均需要搭建 Python 环境。

14. 在表 5-1-2 中写出主要编程语言的特点及其应用。

表 5-1-2　高级语言示例

| 语言名称 | 特点 | 应用 |
| --- | --- | --- |
| Fortran | | |
| Visual Basic | | |
| C/C ++ /C# | | |
| Java | | |
| Python | | |

三、判断题

(　　) 1. Fortran 是世界上第一个被正式推广使用的计算机高级语言，因为其执行速度快、计算性能高，被广泛用于游戏编程的开发。

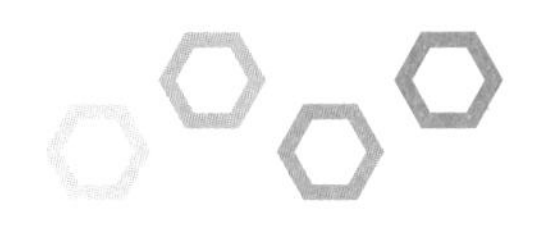



(　　) 2. C++具有很好的封装、继承和多态性，常用于系统开发和应用开发。

(　　) 3. Python具有面向对象、动态数据类型、代码规范、库丰富、简单易学、免费开源、可移植等特点。

(　　) 4. Python中的变量可以直接被拿来使用，不用进行赋值。

(　　) 5. Python程序中多行注释使用三对单引号或一对双引号。

(　　) 6. Python程序中input函数的功能是输出数据。

## 做一做

随着科技的发展，我们的生活也发生着改变。例如，高速公路上使用ETC（电子不停车收费系统），车辆行驶到收费站时自动识别，自动扣费，全程只需要不到两秒就可以完成，大大减少了收费的时间，ETC车道的通行能力是普通人工收费车道的5~10倍。现在某段高速公路ETC收费计算公式为：

收费金额=ETC打折系数×费率×行驶里程数

已知7座及7座以下汽车的费率为：0.55元/千米，ETC打折系数为0.95。现对ETC收费算法进行编程，完成该路段高速公路的ETC过路费计算。使用自然语言进行描述。

1. 把自然语言描述的序号填入图5-1-4中相对应的位置。

① 根据ETC收费计算公式进行收费金额计算；② 输出收费金额；③ 开始；④ 对ETC打折系数进行赋值；⑤ 对费率进行赋值；⑥ 输入行驶里程数；⑦ 结束。

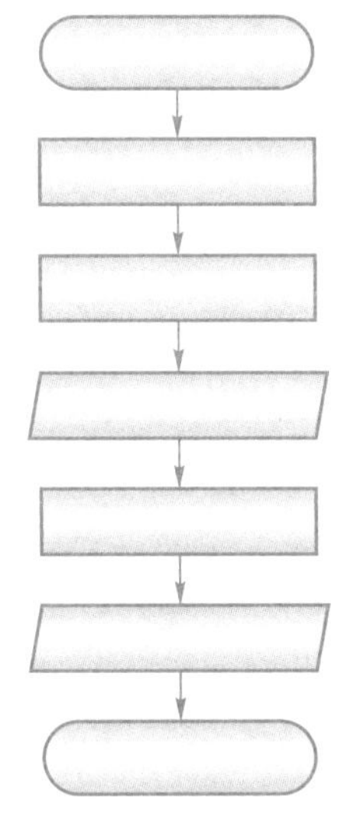

图5-1-4　ETC收费流程图

2. 在PyCharm中创建项目PyStudy完成本题的程序设计，把对应的序号填入到图5-1-5和图5-1-6中。① 创建新的工程文件；② 直接输入工程文件放置的路径；③ 选择工程文件放置的路径；④ 单击

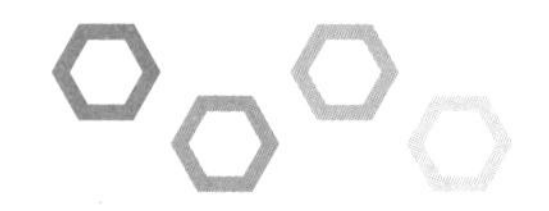

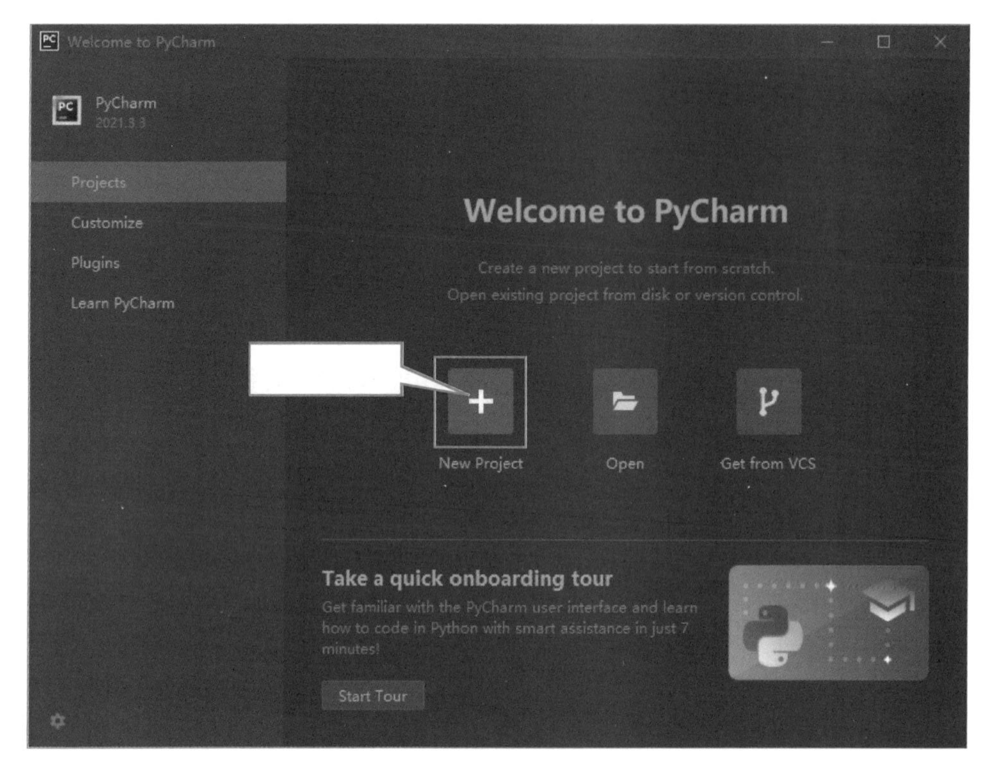


图 5-1-5　PyCharm 欢迎界面

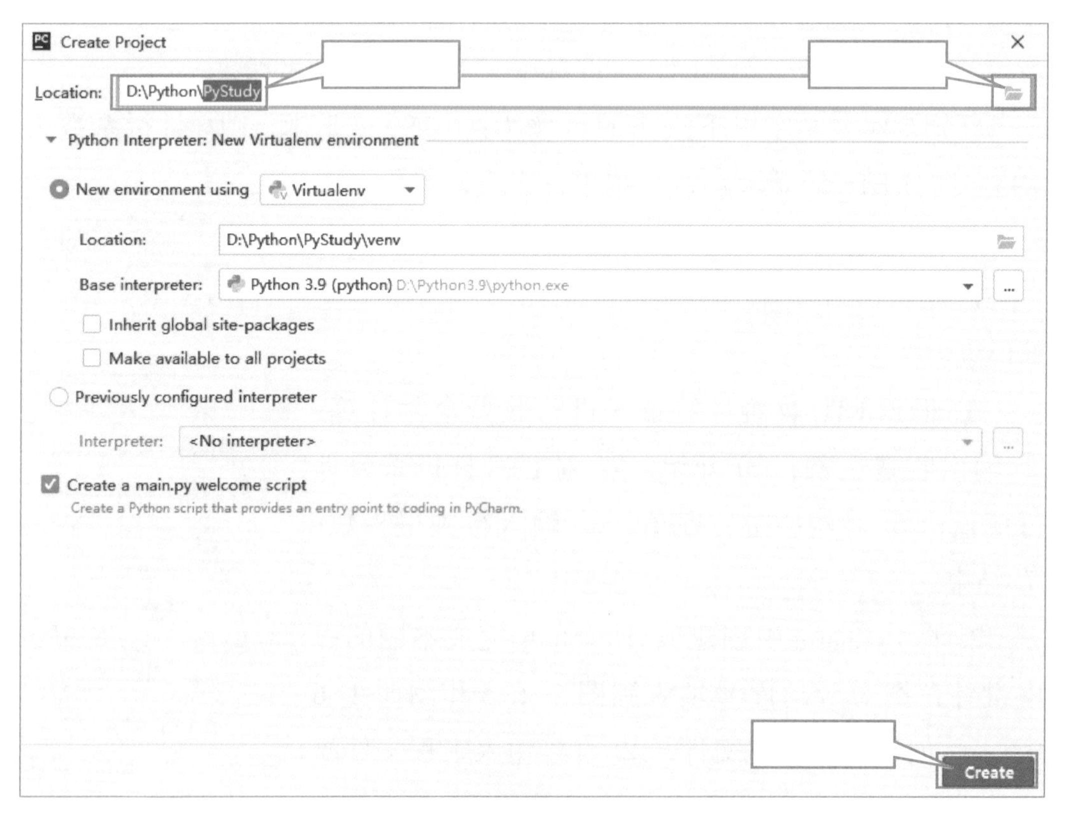


图 5-1-6　PyCharm 创建工程

“Create”按钮完成创建。

3. 创建 Python 代码文件 Pay.py，把相对应的序号填入到图 5-1-7 中。

① 右击 PyStudy 项目；② 选择“Python File”命令；③ 选择 New 菜单；④ 输入“Pay”文件名。

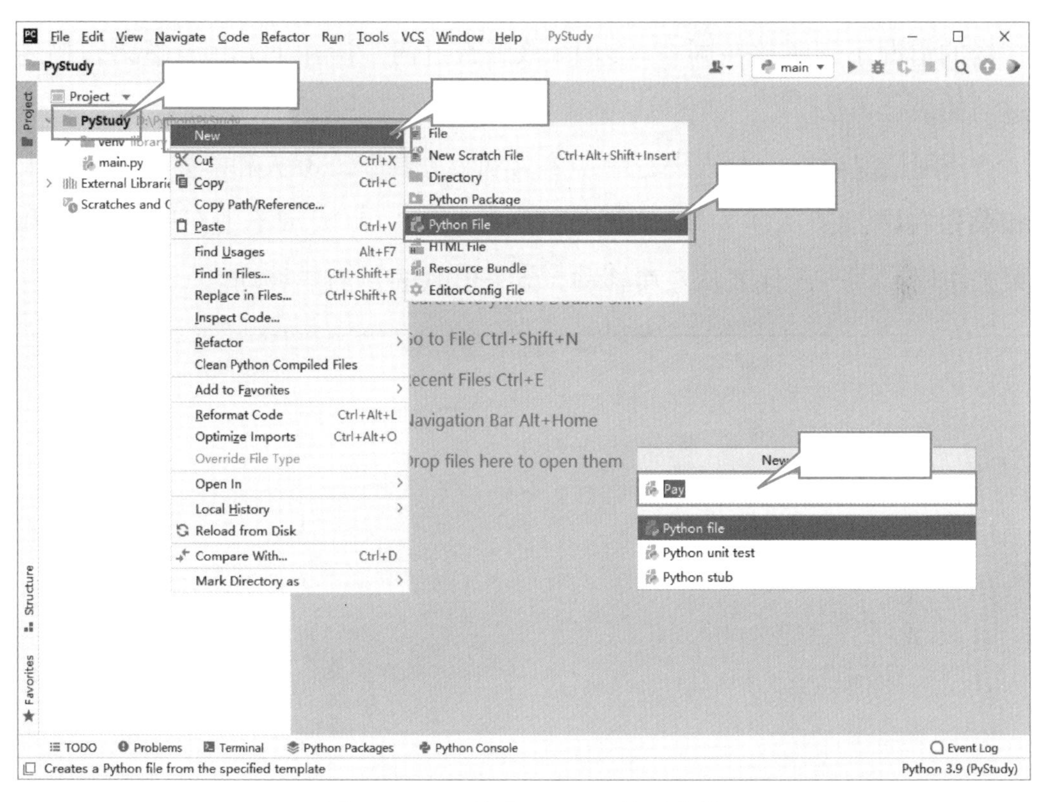


图 5-1-7 创建 Python 代码文件

4. 根据注释内容，填写 Python 代码（使用 eval( ) 函数把 input( ) 函数输入的数据转换为数值型）。

____________________ # 对 ETC 打折系数赋值 0.95

____________________ # 对费率赋值 0.55

____________________ # 获取车辆在该段高速行驶里程数

____________________ # 使用 ETC 收费计算公式进行计算

____________________ # 使用 print 函数显示过路费

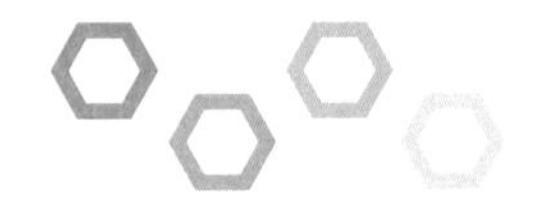

## 探一探

1. 人狼羊菜过河问题：农夫要用一条船把狼、羊、菜运到河的另一边，农夫每次最多只能运一样东西，要防止狼吃羊、羊吃菜（即不能在没有农夫在场的情况下同时放在同一岸边），该怎么过河？请在下方用自然语言描述过河的最佳方法。

过河情况分析：① 人去右岸，② 人和狼去右岸，③ 人和羊去右岸，④ 人和菜去右岸，⑤ 人去左岸，⑥ 人和狼去左岸，⑦ 人和羊去左岸，⑧ 人和菜去左岸。①—④代表从左岸移动，⑤—⑧代表从右岸移动。

2. 请将以下 Python 报错错误信息的含义填写在横线处（通过网络查找完成）。

AttributeError：________________

NameError：________________

SyntaxError：________________

IOError：________________

KeyError：________________

IndexError：________________

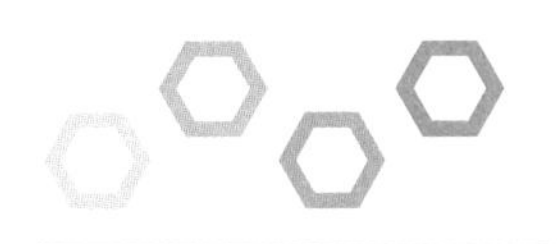



TypeError：________________

ZeroDivisonError：________________

ValueError：________________

TimeoutError：________________

FileExistsError：________________

ModuleNotFoundError：________________

## 5.2 设计简单程序

### 【学习目标】

1. 了解一门程序设计语言的基础知识。

（1）掌握 Python 代码编写规范，包括缩进、注释、命名等；

（2）掌握算术运算符、关系运算符、赋值运算符、逻辑运算符的使用方法，理解运算符的优先级；

（3）了解常量与变量的概念；

（4）了解 6 种标准数据类型及其简单的应用；

（5）理解 Python 四则运算（+，-，* 和 /）；

（6）了解 Python 输入、输出方法；

（7）理解顺序结构、条件结构和循环结构的概念及逻辑过程，能将流程图补充完整；

（8）会用三大结构解决简单问题。

2. 会使用相应的程序设计工具编辑、运行及调试简单的程序。

（1）掌握 Windows 下 Python 的安装及环境变量配置；

（2）会用 IDLE 输入、运行与调试简单 Python 程序。

3. 掌握函数的定义和调用。

（1）了解函数的一般概念；

（2）会自定义函数并调用。

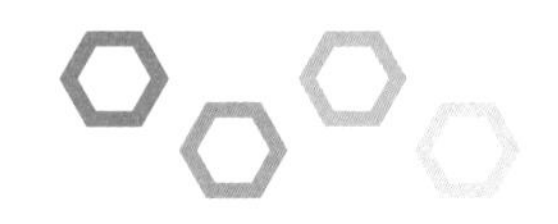

# 任务 1　使用选择结构

## 练一练

### 一、单项选择题

1. 以下不是 Python 数据类型的是（　　）。

A. 数组　　B. 字典　　C. 列表　　D. 字符串

2. 列表中的所有元素放在一对（　　）中，并以（　　）分隔。

A. [ ]　;　　B. ( )　;　　C. [ ]　,　　D. ( )　,

3. 以下不是数字类型的是（　　）。

A. 50　　B. 2.15e2　　C. 7 + 8j　　D. "811"

4. “print( 8/2 + 7%2−8//3 + 4**2 )”的值为（　　）。

A. 21　　B. 11　　C. 19　　D. 12

5. 逻辑运算符优先级由高到低分别为（　　）。

A. and、or、not　　B. not、and、or

C. not、or、and　　D. or、and、not

### 二、填空题

1. Python 有 6 种标准数据类型：数字、字符串、元组、________、________和________。

2. 使用转义符________可以输出回车。

3. 使用转义符________可以输出反斜杠。

4. Python 中整数类型的数据类型符为________，Python 中布尔类型有两个值，分别为________和________。

5. Python 的关系运算符主要有“==”“!=”“>”、________、________、________。

6. Python 的选择语句有 3 种，分别为________、________和________。

### 三、判断题

（　　）1. 在 Python 中，列表 list1 的赋值表达式为“list1 =( 19，49，

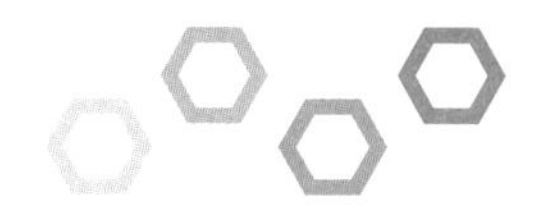



10，1)”。

(　　) 2. Python 的选择结构中 if 语句后面必须加冒号。

(　　) 3. Python 的选择结构中最多只能实现三重分支。

(　　) 4. if-else 语句是表达式，没有返回值。

(　　) 5. Python 编写代码时为了阅读更加清晰，代码应都顶格书写。

### 做一做

《孟子·梁惠王上》中记载，梁惠王曰：“寡人之于国也，尽心焉耳矣。河内凶，则移其民于河东，移其粟于河内；河东凶亦然。察邻国之政，无如寡人之用心者。邻国之民不加少，寡人之民不加多，何也？”

孟子对曰：“王好战，请以战喻。填然鼓之，兵刃既接，弃甲曳兵而走，或百步而后止，或五十步而后止。以五十步笑百步，则何如？”

此故事比喻缺点或错误性质相同，只有情节或重或轻的区别。

**知识链接**

turtle 翻译为海龟。Python 中，turtle 是一个用于绘图的标准库（Python 自带）。绘制原理是有一只海龟在窗口的正中心，由程序控制，可以在画布上游走，走过的轨迹形成了绘制的图形，并且图形可改变颜色、宽度等。小海龟的爬行方向如图 5-2-1 所示。

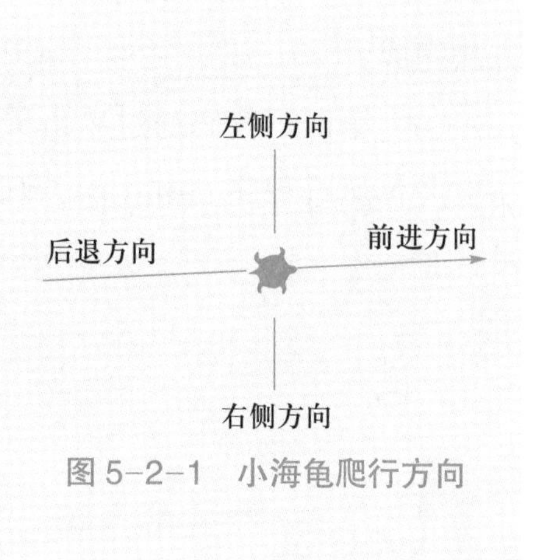


图 5-2-1　小海龟爬行方向

turtle 绘图的基本动作方法包括：forward（前进参数），backward（后退参数），left（左转角度），right（右转角度）。

简单理解，turtle 就是那支画笔，这些基本动作方法就用于控制画笔的绘画方式。语法格式：turtle. 方法名（参数）。

1. 使用 Python 中的 turtle 库，画一条直线，先向前行驶 100 步，然后再

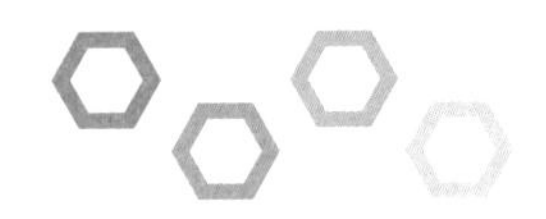

退回来 50 步。

（1）绘制程序流程图。

（2）进入 Python 编程环境，可以直接使用 IDLE 新建一个 Python 文件，命名为 turtle1.py，来模拟战场上军队行进的路线。

（3）第一行代码加载 turtle 内置模块，使用 import 方式加载：__________

（4）第二行代码让军队（海龟）往前走 100 步，使用 forward（参数）方法完成：__________

（5）第三行代码让军队（海龟）往后走 50 步，使用 backward（参数）方法完成：__________

（6）第四行代码通过单击关闭画图窗口：turtle.exitonclick( )。

（7）运行程序 turtle1.py，画出运行后的结果图形。

2. 继续第 1 题的场景，军队前后面临夹击，需要向两侧进行突围。

操作提示：使用 left（参数）、right（参数）方法实现小海龟向左转和向右转，其中（参数）代表需要转弯的度数。

（1）如果军队向左突围，则首先应向左转弯 90°，然后往前行军 100 步，完善下列代码。

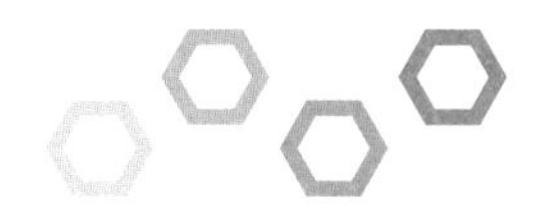



| | |
|---|---|
| 1 | import turtle |
| 2 | turtle.forward(100) |
| 3 | turtle.back(50) |
| 4 | turtle.left(____) |
| 5 | turtle.forward(____) |
| 6 | turtle.exitonclick() |

运行以上代码后，画出结果图形。

（2）如果军队向右突围的话，先向右转弯 90°，然后往前行军 100 步。则需要修改上题第________行中的代码，修改为：

________________________________________

重新运行编辑好的程序代码，画出最终的结果图形。

## 探一探

1. 两军对战时，守军发现前方来敌，数量不多，可以利用地势绕到其后方进行破敌，军队先向西北方向前进 100 步，又向右旋转 90° 继续前进

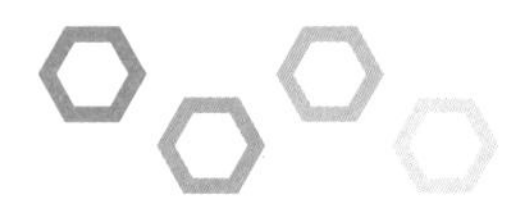

100 步，绕到敌后，进行破敌。完成下列代码填空。

```
1  import turtle
2  turtle.forward(100)
3  turtle.back(50)
4  turtle.________(45)
5  turtle.forward(100)
6  turtle.________(90)
7  turtle.forward(100)
8  turtle.exitonclick()          # 需要单击窗体，窗体才关闭
```

2. 运行第 1 题完整的程序代码，画出最终的结果图形。

|   |
|---|
|   |

## 任务 2　使用循环结构

### 练一练

一、单项选择题

1. “range（2，10，2）”产生的整数序列为（　　）。

A. 2，3，4，5，6，7，8，9，10

B. 2，10

C. 2，4，6，8，10

D. 2，4，6，8

2. 下列赋值与“a = a + b”相同的表达式是（　　）。

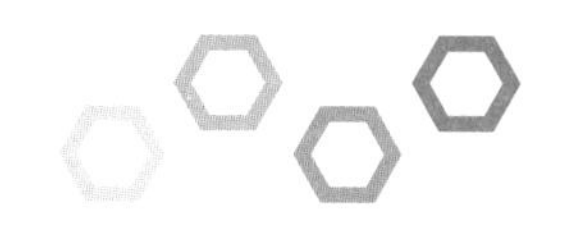


A. a =+ b　　B. b = a + b　　C. a += b　　D. b =+ a

3. 强制退出循环体，不再执行循环体内语句的关键字是（　　）。

A. else　　B. continue　　C. break　　D. while

4. 常用于事先不知道循环次数循环的是（　　）。

A. if 语句　　B. for 语句　　C. while 语句　　D. elif 语句

5. 在生活中遇到重复出现的问题时，可以联想到 Python 程序设计中的（　　）。

A. 顺序结构　　B. 选择结构　　C. 循环结构　　D. 以上都不是

## 二、填空题

1. 循环就是________做同一件事的情况。

2. 循环结构中被重复执行的代码称为________。

3. Python 的循环结构有两种语句分别是________和________。

4. 书写 while 语句的基本语法：

________________________________

________________________________

5. 书写 for 语句的基本语法：

________________________________

________________________________

6. for 循环语句常与内置函数 range 配套使用，range 函数由三个部分组成，分别是________、________和________。

7. Python 中导入模块的基本格式为：____________________。

## 三、判断题（正确的打“√”，错误的打“×”）

（　　）1. 循环结构中，循环体能否继续重复执行，取决于循环的终止条件。

（　　）2. while 语句只能写一个布尔类型的条件表达式，只要循环条件满足，循环体就会一直执行。

（　　）3. for 语句常用于事先不知道循环次数的循环。

（　　）4. break 关键字的作用是结束本次循环，跳过循环体尚未执行的语句，继续执行下一轮循环。

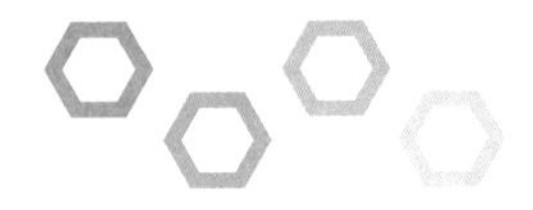

（　　）5. 使用循环语句时，不会出现死循环。

（　　）6. range( ) 函数中的步长默认值为 0。

（　　）7. 若要使用 randint( ) 函数生成一个整数，就必须导入 random 模块。

## 做一做

李白在《夜宿山寺》中描写道："危楼高百尺，手可摘星辰。不敢高声语，恐惊天上人。"山上寺院真高，好像有一百尺的样子，人在楼上好像一伸手就可以摘下天上的星星，接下来我们来画出这颗星星。

**知识链接**

画笔的颜色默认是黑色，可以使用"turtle.color ("颜色名称", "颜色名称")"语句改变颜色，如"turtle.color ("red", "yellow")"把画笔颜色改成了红色，填充色改成了黄色。

1. 使用 turtle 库画一个五边形，如图 5-2-2 所示，每条边为 200。

（1）计算五边形的内角和为________。（分析：可以看成三个三角形组合）

（2）计算每次五边形需要旋转的角度为________。

（3）绘制本题画正五边形的程序流程图。

图 5-2-2　五边形

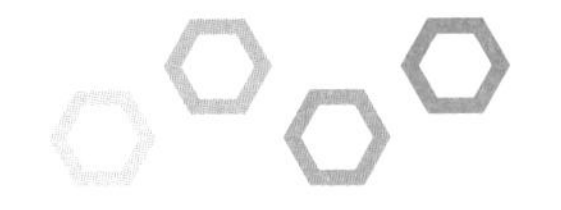



（4）完成下列正五边形代码的填写。

| | |
|---|---|
| 1 | import turtle |
| 2 | turtle.forward(200)　　　　# 每条边的长度 |
| 3 | turtle.left(180-540/5)　　　# 五边形偏移的角度数 |
| 4 | turtle.forward(200) |
| 5 | ______________________ |
| 6 | ______________________ |
| 7 | turtle.left(180-540/5) |
| 8 | turtle.forward(200) |
| 9 | turtle.left(180-540/5) |
| 10 | turtle.forward(200) |
| 11 | turtle.left(180-540/5) |
| 12 | turtle.done() |

2. 根据正五边形的度数，推断出五角星每个角的度数都是 36°，对应补角为 144°，如图 5-2-3 所示。

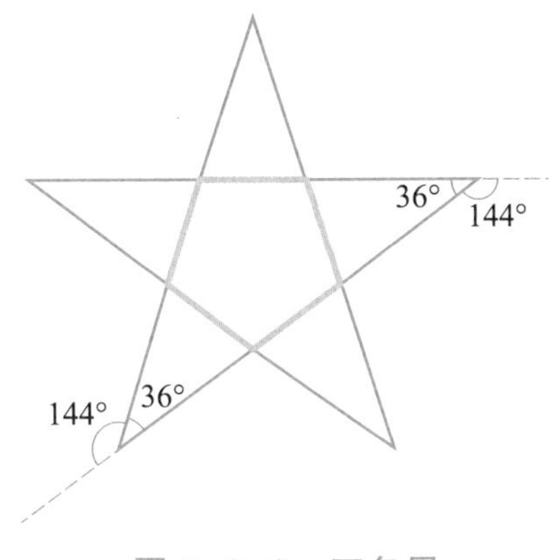


图 5-2-3　五角星

下面是五角星的代码：

| | |
|---|---|
| 1 | import turtle |
| 2 | turtle.forward(200)　　　　# 每条五角星的边长为 200 |
| 3 | turtle.right(144)　　　　　# 每个角度向右偏转 144° |

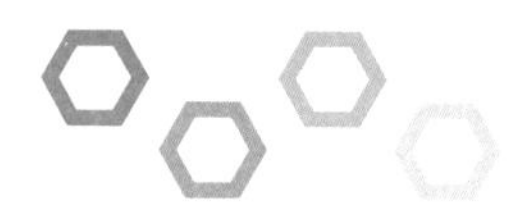

| | |
|---|---|
| 4 | `turtle.forward(200)` |
| 5 | `turtle.right(144)` |
| 6 | `turtle.forward(200)` |
| 7 | `turtle.right(144)` |
| 8 | `turtle.forward(200)` |
| 9 | `turtle.right(144)` |
| 10 | `turtle.forward(200)` |
| 11 | `turtle.right(144)` |
| 12 | `turtle.done()` |

代码优化：

将相同的常量参数用变量替代，便于随时修改。

如长度为 200，角度为 144

| | |
|---|---|
| 1 | `long = 200; angle = 144` |
| 2 | `turtle.forward(long)` |
| 3 | `turtle.right(angle)` |

将相同的代码块的功能，通过 for 循环来实现需要重复的次数。

如 turtle.forward(long) 和 turtle.right(angle) 一同出现了 5 次，使用 for 循环可以改写为：

| | |
|---|---|
| 1 | ______________________ |
| 2 | `    turtle.forward(long)` |
| 3 | `    turtle.right(angle)` |

3. 完成下列红色五角星的代码。

| | |
|---|---|
| 1 | `long = 200` |
| 2 | `angle = 144` |
| 3 | ______________　　　　# 画笔颜色和填充颜色都设为红色 |

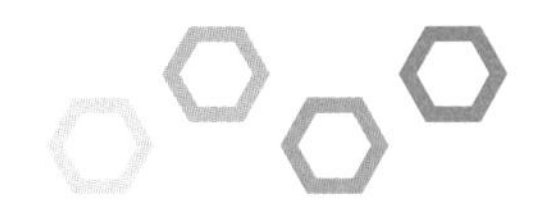



| | | |
|---|---|---|
| 4 | turtle.begin_fill() | # 开始填充 |
| 5 | ________________ | # 使用 for 循环 5 次，画 5 条边 |
| 6 | ________________ | # 向前走 200 像素 |
| 7 | ________________ | # 右转 144° |
| 8 | turtle.end_fill() | # 结束填充 |
| 9 | turtle.done() | # 暂停程序，停止画笔绘制，但绘图窗体不关闭 |

### 探一探

“危楼高百尺，手可摘星辰”，星辰不可能只有一颗星星，接下来我们一起来画 50 颗星星来点缀星空。

**知识链接**

turtle.speed（0）：控制绘图速度，参数为 0～10，数字越大，绘图速度越快。1 最慢，10 最快，默认是 6，而 0 表示没有动画效果。

turtle.write( )：可以在画板上写字，参数为要写的内容。还能设置字的字体、大小等，如“turtle.write（"危楼高百尺，手可摘星辰"，font=("SimHei"，12，"bold"))”。font 参数是个元组，其中第一个参数代表字体，第二个参数代表字号，最后一个代表加粗。

turtle.penup( )：提笔。

turtle.goto（x，y）：把笔提起后才能使用 goto( ) 方法，把光标定位到坐标轴（x，y）进行作画。

turtle.pendown( )：落笔。

random 模块生成随机数，如 randint(0，100) 随机产生 0 到 100 的正整数。

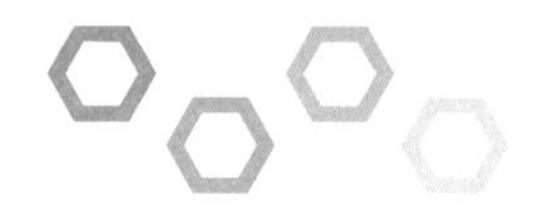

1. 根据注释，完成以下繁星代码。

| | | |
|---|---|---|
| 1 | ______________ | # 导入 turtle 库 |
| 2 | from random import randint | # 导入随机函数库 |
| 3 | for i in range(________): | # 画 50 颗星星 |
| 4 |     turtle.speed(0) | # 控制绘图速度，设置为没有动画效果 |
| 5 |     turtle.penup() | # 拿起画笔 |
| 6 |     ________________ | # x 坐标的取值范围为（-150，150） |
| 7 |     y = randint(-100, 100) | # y 坐标的取值范围为（-100，100） |
| 8 |     turtle.goto(x, y) | # 把画笔定位到坐标（x，y） |
| 9 |     turtle.pendown() | # 落下画笔 |
| |     *# 画一颗星星的代码* | |
| 10 |     turtle.color("red") | # 设置画笔颜色为“红色” |
| 11 |     turtle.hideturtle() | # 隐藏画笔 |
| 12 |     turtle.begin_fill() | # 开始填充星星的颜色 |
| 13 |     ________________ | # 使用 for 循环 5 次，画 5 条边 |
| 14 |     ________________ | # 向前走 10 步（像素） |
| 15 |     ________________ | # 右转 144° |
| 16 |     turtle.end_fill() | # 结束填充星星的颜色 |
| 17 | turtle.penup() | # 拿起画笔 |
| 18 | turtle.goto(0, -130) | # 把画笔定位到坐标（0，-130） |
| 19 | turtle.pendown() | # 落下画笔 |
| | # 写下诗句“危楼高百尺，手可摘星辰”，字体为黑体、12 号、加粗 | |
| 20 | turtle.write("危楼高百尺，手可摘星辰", font=("SimHei", 12, "bold")) | |
| 21 | turtle.done() | # 暂停程序，停止画笔绘制，但绘图窗体不关闭 |

2. 使用 turtle 库，绘制一个齿轮（10 个齿），如图 5-2-4 所示。

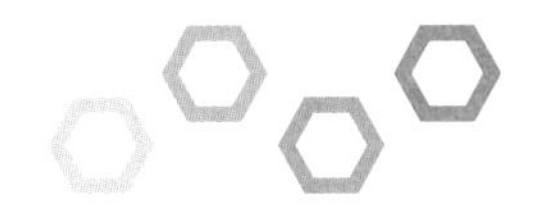



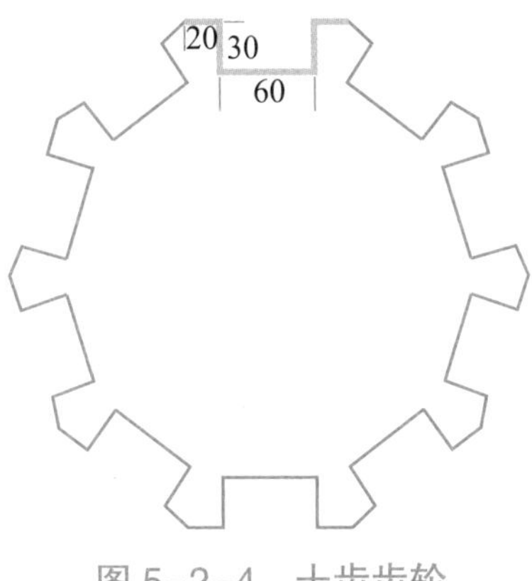


图 5-2-4 十齿齿轮

分析：十齿齿轮其实就是图中加粗部分重复十次，转十次的角度总和为360°，那么每次转的度数为36°。

（1）绘制程序流程图。

|  |
|---|
|  |

（2）下面是十齿齿轮的代码。

| | |
|---|---|
| 1 | import turtle |
| 2 | for i in range(10): |
| 3 |     turtle.forward(20)     # 向前 20 |
| 4 | ________________     # 右转 90° |
| 5 | ________________     # 向前 30 |
| 6 | ________________     # 左转 90° |
| 7 | ________________     # 向前 60 |
| 8 | ________________     # 左转 90° |
| 9 | ________________     # 向前 30 |

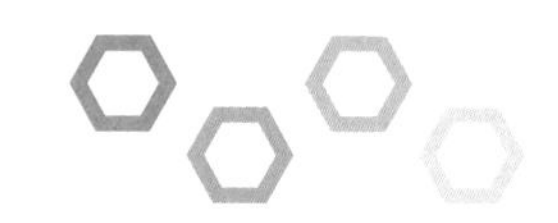

| | | |
|---|---|---|
| 10 | ______________________ | # 右转 90° |
| 11 | ______________________ | # 向前 20 |
| 12 | ______________________ | # 右转 36° |
| 13 | turtle.done() | |

3. while 语句和 for 语句有什么区别？怎样避免出现死循环？（通过网络进行查找完成）

______________________________________________

______________________________________________

______________________________________________

## 任务 3　使用函数

### 练一练

一、单项选择题

1. 定义自定义函数的关键字为（　　）。

A. const　　B. import　　C. def　　D. while

2. 返回函数返回值的语句是（　　）。

A. def　　B. return　　C. pass　　D. print

3. 函数中没有 return 语句，将（　　）。

A. 返回 True　　B. 返回 None

C. 返回 False　　D. 报错

4. 函数可以无参数，如果有多个参数，则参数列表之间用（　　）分隔。

A. ,　　B. ;　　C. :　　D. .

5. 下列不是 Python 内置函数的是（　　）。

A. print( )　　B. func( )　　C. float( )　　D. input( )

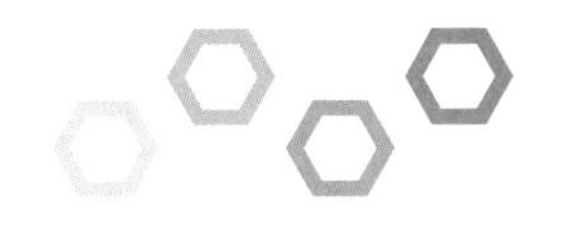



二、填空题

1. 函数是指一段封装在一起的可实现某一特定功能的程序块，具有________、________和________。

2. 书写 Python 自定义函数的语法结构。

______________________________

______________________________

______________________________

3. 函数如果无返回数据，则函数体中可以________或省略________。

三、判断题（正确的打“√”，错误的打“×”）

（　　）1. 正确运用函数可以减少重复编写程序代码的工作。

（　　）2. 对于自定义函数中的函数名，可以任意命名。

（　　）3. Python 中，def 和 return 是函数必须使用的关键字。

（　　）4. 函数的定义必须放在调用之前。

## 做一做

以下是上一个任务中繁星的代码。

| | | |
|---|---|---|
| 1 | `import turtle` | # 导入 turtle 库 |
| 2 | `from random import randint` | # 导入随机函数库 |
| 3 | `for i in range(50):` | # 画 50 颗星星 |
| 4 | `    turtle.speed(0)` | # 控制绘图速度，设置为没有动画效果 |
| 5 | `    turtle.penup( )` | # 拿起画笔 |
| 6 | `    x = randint(-150, 150)` | # x 坐标的取值范围为（-150，150） |
| 7 | `    y = randint(-100, 100)` | # y 坐标的取值范围为（-100，100） |
| 8 | `    turtle.goto(x, y)` | # 把画笔定位到坐标（x，y） |
| 9 | `    turtle.pendown( )` | # 落下画笔 |
| | `    #画一颗星星的代码` | |
| 10 | `    turtle.color("red")` | # 设置画笔颜色为“红色” |

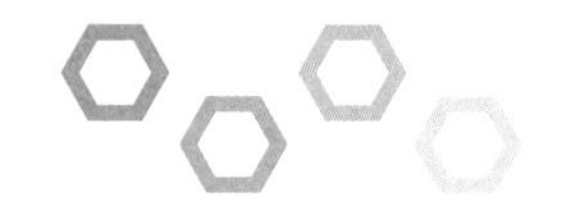

| | |
|---|---|
| 11 | `    turtle.hideturtle( )          # 隐藏画笔` |
| 12 | `    turtle.begin_fill( )          # 开始填充星星的颜色` |
| 13 | `for i in range(5):              # 使用 for 循环 5 次，画 5 条边` |
| 14 | `    turtle.forward(10)            # 向前走 10 步（像素）` |
| 15 | `    turtle.right(144)             # 右转 144°` |
| 16 | `turtle.end_fill( )              # 结束填充星星的颜色` |

1. 以上代码中实现画一颗星星的行号是________________。

2. 因为画的星星比较多，我们可以把画五角星的代码封装成一个函数，请写在下方横线处。

```
1  def draw_star( ):
2  ______________________________
3  ______________________________
4  ______________________________
5  ______________________________
6  ______________________________
7  ______________________________
8  ______________________________
```

3. 调用绘制五角星函数，完成下列代码的填写。

```
1  for i in range(50):
2      turtle.speed(0)
3      turtle.penup()
4      x = randint(-150, 150)
5      y = randint(-100, 100)
6      turtle.goto(x, y)
7      turtle.pendown()
8      _______________
```

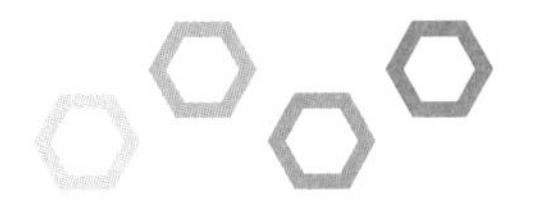



## 探一探

1. 根据图 5-2-5 PyCharm 的截图，完成习题。

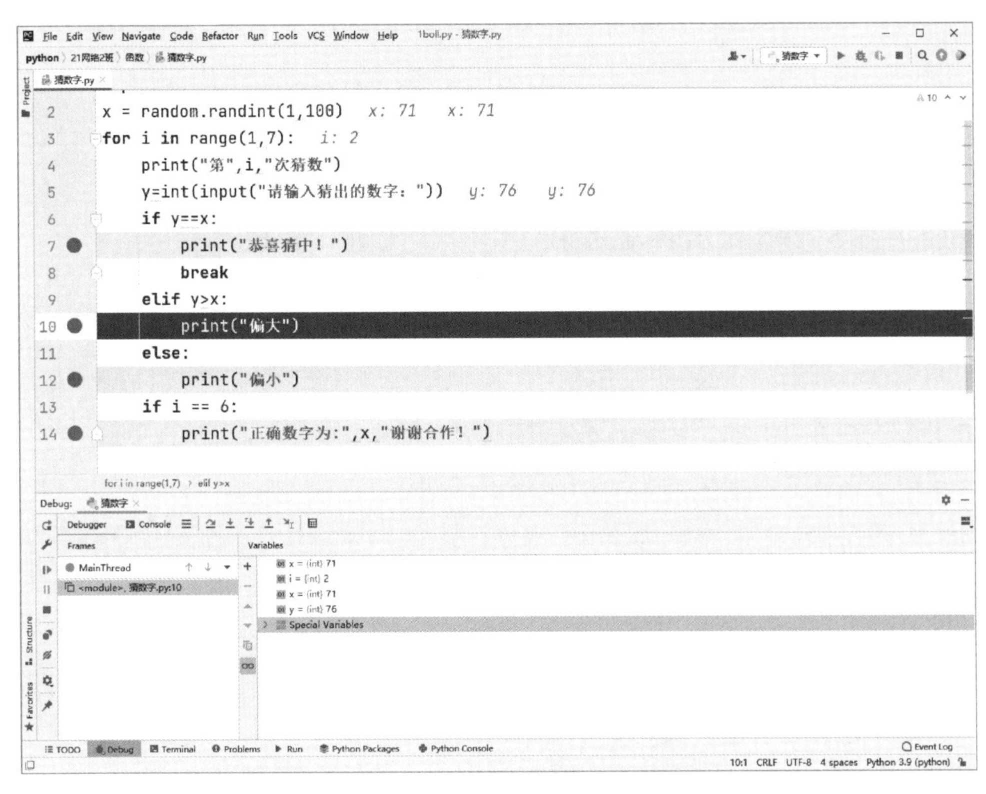


图 5-2-5 PyCharm 设置调试断点

（1）请写出设置断点的两种方式。（从网络上搜索回答）

______________________________________________

______________________________________________

（2）以上调试程序过程中总共设置了________个断点。

（3）设置断点后，我们需要按（　　）按钮进行调试。

A. ▶　　　B.　　　C.　　　D. ■

（4）调试程序时，下列图标的作用各是什么？

______________________________________________

■ ______________________________________________

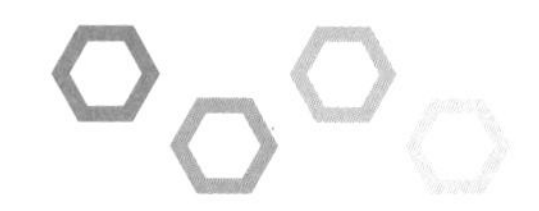

______________________________

______________________________

______________________________

______________________________

______________________________

______________________________

______________________________

______________________________

（5）图 5-2-5 显示目前是第________次进行猜数字，猜的数字是________。

（6）图 5-2-5 显示目前可以知道需要猜的正确数字是________。

2. 使用 turtle 绘制图 5-2-6 所示共边圆。

图 5-2-6　共边圆

**知识链接**

turtle.circle（半径）：画圆。

turtle.circle（半径，弧度度数）：逆时针旋转。

（1）绘制程序流程图。

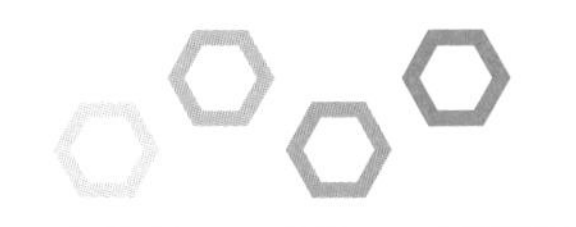



（2）代码填空。

| | |
|---|---|
| 1 | import turtle |
| 2 | turtle.circle(____)　# 绘制半径为 100 的圆 |
| 3 | turtle.circle(____)　# 绘制半径为 80 的圆 |
| 4 | turtle.circle(____)　# 绘制半径为 60 的圆 |
| 5 | turtle.circle(____)　# 绘制半径为 40 的圆 |
| 6 | turtle.circle(____)　# 绘制半径为 20 的圆 |
| 7 | turtle.done()　# 暂停程序，停止画笔绘制，但绘图窗体不关闭 |

3. 根据代码，绘制运行后的结果图形

| | |
|---|---|
| 1 | import turtle |
| 2 | turtle.circle(200, 60)　# 绘制半径为 200，弧度为 60 的圆弧 |
| 3 | turtle.left(90)　# 左转 90° |
| 4 | turtle.forward(100)　# 向前前进 100 |
| 5 | turtle.left(180-60)　# 左转 120° |
| 6 | turtle.forward(100) |
| 7 | turtle.done |

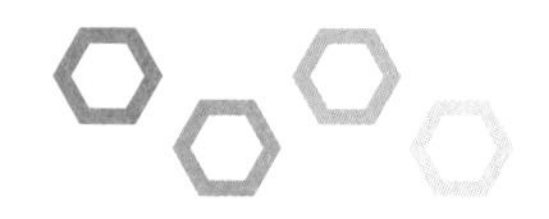

# 5.3　运用典型算法

## 【学习目标】

1. 了解典型算法。

（1）了解累加累乘算法；

（2）了解求最值算法。

2. 会使用功能库扩展程序功能。

（1）了解 Python 第三方功能库的安装；

（2）了解简单的功能库（turtle 库）扩展程序代码。

## 任务 1　运用排序算法

### 练一练

一、单项选择题

1. Python 中如果要创建一个空列表应使用（　　）。

A. ( )　　B. [ ]　　C. {}　　D. <>

2. Python 中增加列表元素不可以用的方法是（　　）。

A. append( )　　B. insert( )

C. extend( )　　D. remove( )

3. 对列表："num =[ 19，87，8，1 ]" 进行 "num.pop（1）" 操作后，num 列表为（　　）。

A. [ 87，8，1 ]　　B. [ 19，8，1 ]

C. [ 19，87，8 ]　　D. [ 9，87，8 ]

4. 对列表 "num =[ 20，2，4，1 ]" 进行 "a.append（88）" 操作后，num 列表为（　　）。

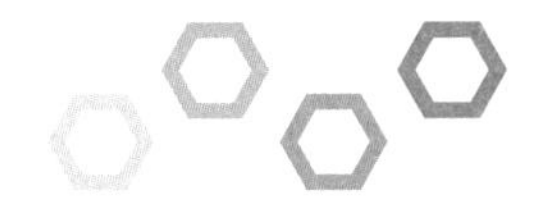



A. [88，20，2，4，1]　　B. [20，2，4，1，"88"]

C. [20，2，4，1，88]　　D. 出错

5. 对列表“a = [1, 2, 3, 1]”进行“a[1] = 3”操作后，“print(a)”的结果为(　　)。

A. [3，2，3，1]　　B. [3，2，3，3]

C. [1，3，3，1]　　D. [1，2，3，3]

6. 导入 Python 与 MySQL 数据库连接的库的语句是(　　)。

A. import math　　B. import random

C. import pymysql　　D. import turtle

二、填空题

1. 排序是数据处理中经常使用的一种________。

2. 排序算法有__________、__________、__________、__________、__________等。

3. Python 中的数据结构主要有________、________和________。

4. Python 中创建列表可以使用________，元素之间用________分隔。

5. Python 中对列表可以进行的操作有追加元素、________、________、________等。

6. Python 中删除列表元素可以使用的方法有________或________。

7. 选择排序的基本思路：每次从________的数据中选出________元素，顺序放在之前已经排好序的数据________，直到全部数据排序完毕。

8. len( ) 函数返回对象________。

三、判断题（正确的打“√”，错误的打“×”）

(　　) 1. Python 是静态类型语言，所以没有数组结构。

(　　) 2. Python 中必须声明变量的类型才能进行使用。

(　　) 3. Python 中的 remove( ) 方法是删除列表中所有匹配的元素。

(　　) 4. Python 中的 insert( ) 方法是在列表的最后插入一个元素。

(　　) 5. 使用选择排序，当有 $n$ 个数时，每排一个数，$n-1$ 轮就能排完，因此内循环从外循环减 1 开始。

(　　) 6. 插入排序算法从右边开始取值，然后和它左边的所有元素值

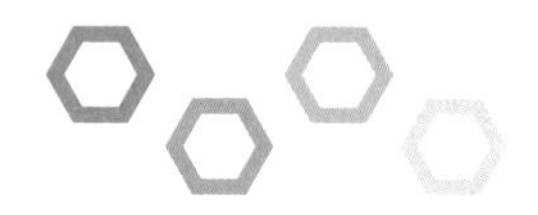

进行比较，如果取的值比它左边的值小就与其交换，重复以上操作，直到排列完成。

### 做一做

课间操期间，各班级都要排队去操场，排队的顺序按身高从低到高称之为升序，从高到低就称之为降序。常用的排序方法有选择排序、插入排序、冒泡排序、快速排序。

**知识链接**

sort( ) 方法语法：list.sort（key = None，reverse = False）。

key：表示指定一个参数作为排序依据。

reverse：排序规则，reverse = True 表示降序，reverse = False 表示升序（默认）。

该方法没有返回值，但是会对列表的对象进行排序。

1. 对下列身高进行排序。

```
1  height = [198, 178, 185, 170, 190]
2  height.sort( )
3  print(" 身高排序为 ", height)
```

以上实例输出结果为：

______________________________

如果把 height.sort( ) 改成 height.sort(reverse = True)，输出的结果为：

______________________________

2. 在 Python 中，提供了一个内置的 sorted( ) 函数，可用于对可迭代对象进行排序。使用该函数进行排序后，原列表的元素顺序不变。

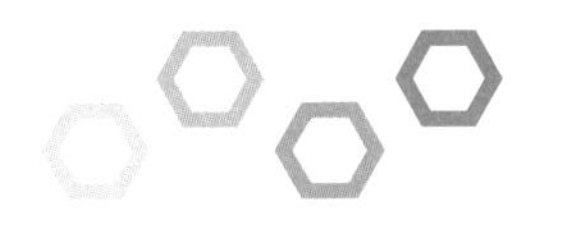



**知识链接**

sorted( ) 函数的语法格式为 sorted(iterable, key = None, reverse = False)。

iterable：表示要进行排序的列表名称。

key：与 sort( ) 方法一致。

reverse：排序规则，reverse = True 表示降序，reverse = False 表示升序（默认）。该方法没有返回值，但是会对列表的对象进行排序。

（1）使用 sorted( ) 函数对第一题中的身高进行排序，代码如下。

```
1  height =[198, 178, 185, 170, 190]
2  heightnew = sorted(height, reverse = True)
3  print(" 身高排序为 ", height)
4  print(" 身高排序为 ", heightnew)
```

代码的运行结果为：______________________________

（2）列表中的 sort( ) 方法与内置函数 sorted( ) 的异同点是什么？（通过查找资料完成）

______________________________________________

______________________________________________

**探一探**

绘制笑脸。

题目要求：画一个如图 5-3-1 所示的笑脸，半径为 100；左眼坐标为（-50，100），半径为 10；右眼坐标为（50，100），半径为 10；嘴巴是起点坐标为（-20，40），半径为 20 的半圆。

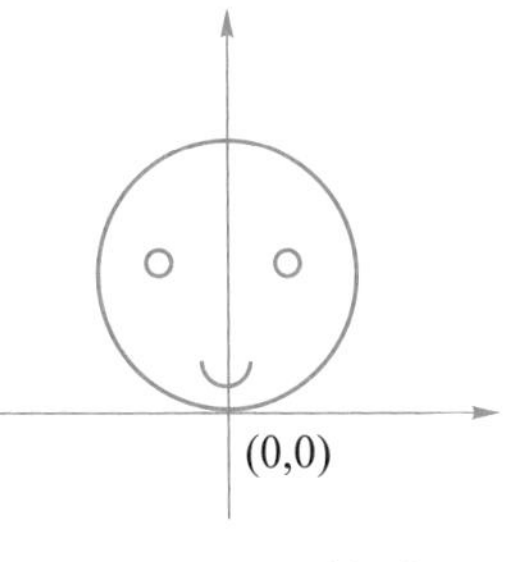


图 5-3-1　笑脸

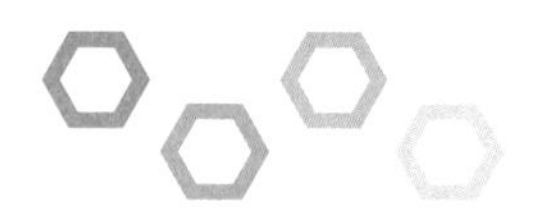

（1）绘制笑脸的程序流程图。

（2）下列代码为其中一种实现方法，请根据注释补全代码（也可根据所画的流程图，自行编写代码完成笑脸）。

| | | |
|---|---|---|
| 1 | import turtle | # 导入 turtle 库 |
| 2 | ____________________ | # 隐藏画笔 |
| 3 | turtle.circle(100) | # 画一个半径为 100 的圆 |
| 4 | turtle.penup() | # 提笔 |
| 5 | ____________________ | # 把画笔定位到 (-50, 100) |
| 6 | turtle.pendown() | # 落笔 |
| 7 | turtle.circle(10) | # 画一个半径为 10 的圆，作为眼睛 |
| 8 | turtle.penup() | # 提笔 |
| 9 | ____________________ | # 把画笔定位到 (50, 100) |
| 10 | turtle.pendown() | # 落笔 |
| 11 | turtle.circle(10) | # 画一个半径为 10 的圆，作为眼睛 |
| 12 | turtle.penup() | # 提笔 |
| 13 | ____________________ | # 把画笔定位到 (-20, 40) |
| 14 | turtle.pendown() | # 落笔 |
| 15 | ____________________ | # 右转 90° |
| 16 | ____________________ | # 画一个半径为 20 的半圆，作为嘴巴 |
| 17 | turtle.done() | |

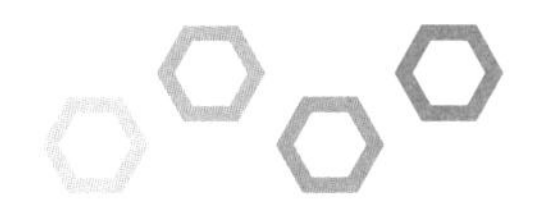



# 任务 2 运用查找算法

## 练一练

### 一、单项选择题

1. 猜数字游戏中，如果要快速猜中目标数字，最快的算法是（    ）。

A. 顺序查找　　B. 二分查找

C. 递归查找　　D. 以上三种一样快

2. 用顺序查找算法在列表“list=[421，78，811，108，527]”中查询“811”，将在第（    ）次查找到。

A. 1　　B. 2　　C. 3　　D. 4

3. 在列表“list=[2，3，5，7，11，13，17，19]”中，采用二分查找算法查找数据“11”，则下列说法正确的是（    ）。

A. 第一次就查找到了该元素

B. 在查找过程中共需要比较 4 次

C. 第二次查找到的是 13

D. 使用二分查找无法查找到该元素

### 二、填空题

1. 查找即根据给定的某个值，在一组数据中确定一个关键字的值等于给定值的________或________。

2. 查找的算法有顺序查找、二分查找、________、________、________、________等。

3. 顺序查找也称________，即从数据结构线性表的一端开始，________，依次将扫描到的关键字与给定值相比较，若相等则表示查找成功；若扫描结束仍没有找到关键字等于给定值的数据，表示查找失败。

4. 二分查找算法从数据结构的________开始，如果中间元素正好与查找关键字相等，则查找成功；否则利用中间位置将数据分成前、后两个部分，如果中间元素大于查找关键字，则继续在________数据中查找，否则

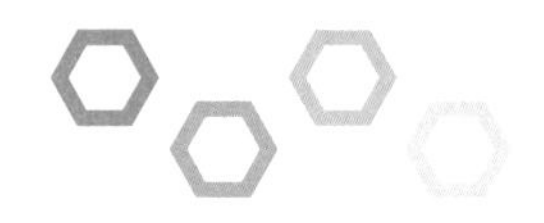

继续在________数据中查找，重复这样的操作，直至找到。

5. 递归算法是一种________或者________调用自身的算法，它体现了“以此类推”的思想，可以使算法的描述简洁，易于理解，其实质是把问题转换为规模缩小了的同类问题。

三、判断题（正确的打“√”，错误的打“×”）

（　　）1. 顺序查找多用于查找对象的排列无规律时。

（　　）2. 二分查找算法可以应用于任何无规则序列。

（　　）3. Python 程序中内置了大量的函数，turtle 模块是其中一个绘制图形的函数库，不用导入即可直接使用。

（　　）4. 在使用查找算法时，如果查找的数据元素不存在，则查找无法进行。

## 做一做

使用 turtle 库完成图 5-3-2 的绘制。

题目要求：三角形的边长为 200，设置背景的颜色为红色（red），设置笔的颜色为黑色（black），粗细为 20，三角形内填充的颜色为黄色（yellow）。

图 5-3-2　三角形标识

（1）绘制三角形标识的程序流程图。

（2）下列代码为其中一种方法，请根据注释补全代码（也可根据所画的流程图，自行编写代码完成题例）。

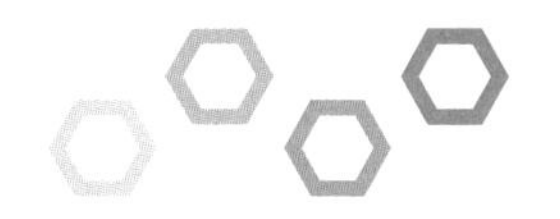



```
1   import turtle
2   turtle.hideturtle( )          # 隐藏画笔
3   ________________              # 设置背景为红色
4   ________________              # 设置画笔为黑色，填充色为黄色
5   ________________              # 设置笔的粗细为 20
6   ________________              # 开始填充颜色
7   for i in range(3):
8       turtle.forward(200)
9       turtle.left(120)
10  ________________              # 结束填充颜色
11  turtle.done( )
```

### 探一探

运行提供的代码，绘制相对应的递归图形。

```
1   import turtle
2   my_tree = turtle.Turtle( )
3   my_win = turtle.Screen( )
4   def draw_tree(branch_length, t):
5       if branch_length > 5:
6           t.forward(branch_length)
7           t.right(20)
8           draw_tree(branch_length-20, t)
9           t.left(40)
10          draw_tree(branch_length-20, t)
11          t.right(20)
12          t.backward(branch_length)
```

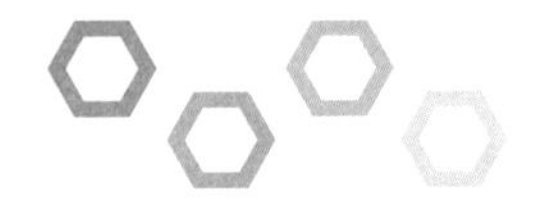

```
13  my_tree.left(90)
14  my_tree.up()
15  my_tree.backward(200)
16  my_tree.down()
17  my_tree.color("green")
18  draw_tree(100, my_tree)
19  my_win.exitonclick()
```

在下框内绘制代码的运行效果图：

## 单元测验

### 一、单项选择题

1. 流程图中的平行四边形是（　　）。

A. 处理框　　B. 判断框

C. 开始 / 结束框　　D. 输入 / 输出框

2. 流程图中的菱形是（　　）。

A. 处理框　　B. 判断框

C. 开始 / 结束框　　D. 输入 / 输出框

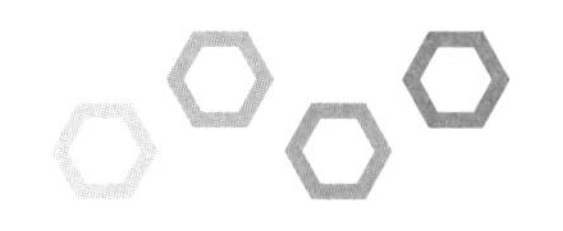



3. 流程图中的矩形是（　　）。

A. 处理框　　B. 判断框

C. 开始 / 结束框　　D. 输入 / 输出框

4. 世界上第一个正式被推广使用的计算机高级语言是（　　）。

A. Basic　　B. C　　C. Fortran　　D. Python

5. 在下列程序设计语言中，常被应用于人工智能的是（　　）。

A. Visual Basic　　B. C

C. Java　　D. Python

6. Python 文件的后缀是（　　）。

A. *.wps　　B. *.xlsx　　C. *.pptx　　D. *.py

7. 下列选项中，能作为 Python 程序变量名的是（　　）。

A. B%1　　B. 5stu　　C. while　　D. tree

8. 在 Python 中表达式“4**3”的结果是（　　）。

A. 12　　B. 1　　C. 64　　D. 7

9. 已知字符串“a="python"”，则 a［1］的值为（　　）。

A. "p"　　B. "py"　　C. "Py"　　D. "y"

10. 在编写 Python 程序时缩进的作用是（　　）。

A. 让程序更美观　　B. 只在 for 循环中使用

C. 只在 if 语句中使用　　D. 用来界定代码块

## 二、填空题

1. 在 Python 中，输入和输出的函数是________和________。

2. 在 Python 中，input( ) 函数返回结果的数据类型为________。

3. 计算机语言发展大致经历了机器语言、汇编语言和高级语言阶段。可以被计算机直接执行的语言是________，Python 语言属于________语言。

4. Python 的转义字符“\n”的作用是________。

5. 已知“a="python"”，则“print（a[1]+a[3]）”的值为________。

6. 结构化程序设计的 3 种基本结构是________、________和________。

7. 能将高级语言程序的源程序转换为目标程序的是________。

8. 在 Python 中，不同的数据，需要定义不同的数据类型，可用方括号

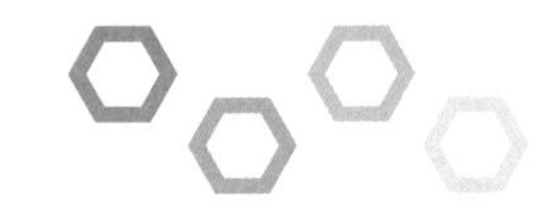

“[ ]”来定义的是________。

9. 查看变量类型的 Python 内置函数是________。

10. ________命令既可以删除列表中的一个元素，也可以删除整个列表。

11. ________是由常量、变量和函数通过特定的运算符连接起来的有意义的式子。

12. 任意长度的 Python 列表、元组和字符串中第一个元素的下标为________。

13. 在循环语句中，________关键字的作用是提前结束本层循环，________关键字的作用是提前进入下一次循环。

14. Python 中用于表示逻辑与、逻辑或、逻辑非运算的关键字分别是________、________、________。

15. Python 中定义函数的关键字是________。

三、判断题（正确的打“√”，错误的打“×”）

（　　）1. Python 是一种跨平台、开源、免费的高级动态编程语言。

（　　）2. Python 命令中用到的标点符号只能是英文字符。

（　　）3. Python 变量名必须以字母或下划线开头，并且区分字母大小写。

（　　）4. Python 变量使用前必须先声明，并且一旦声明就不能在当前作用域内改变其类型。

（　　）5. Python 列表、元组、字符串都属于有序序列。

（　　）6. 列表对象的 append( ) 方法属于原地操作，用于在列表尾部追加一个元素。

（　　）7. 如果仅仅是用于控制循环次数，那么使用“for i in range(20)”或“for i in range(20, 40)”的作用是等价的。

（　　）8. 对于带有 else 子句的循环语句，如果是因为循环条件表达式不成立而结束循环，则执行 else 子句中的代码。

（　　）9. 函数是代码复用的一种方式。

（　　）10. 函数能完成特定的功能，对函数的使用不需要了解函数内

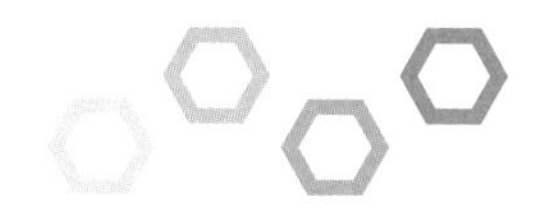



部实现原理，只要了解函数的输入输出方式即可。

四、编程题

1. 用 Python 编写程序输出“Hello Python!”。

2. 随机生成一个 1~100（包含 100）的随机整数。

3. 求 1~100 内奇数之和（使用 range 函数）。

4. 编写程序，实现从键盘输入英文小写字母，转换成大写并输出。

5. 编写一个程序，实现九九乘法口诀表。

6. 已知列表“list1 =[ 23，56，31，10，67，43，32 ]”，使用 sort( ) 方法进行降序排序，输出 list1 列表。

7. 使用 turtle 绘制正十边形，如图 5-4-1 所示。

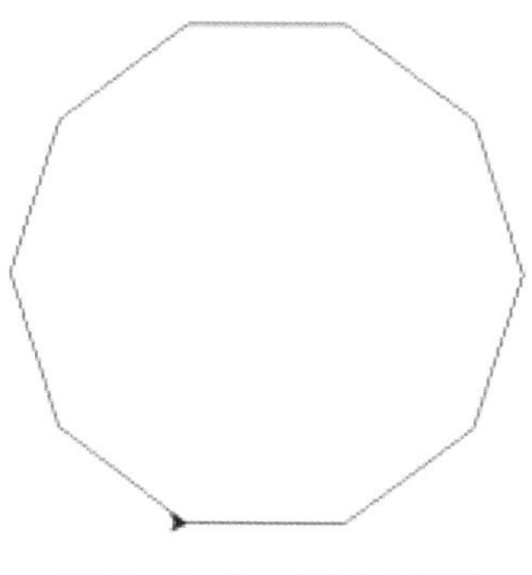

图 5-4-1　正十边形

8. 使用 turtle 绘制禁止驶入标志，如图 5-4-2 所示。

图 5-4-2　禁止驶入标志

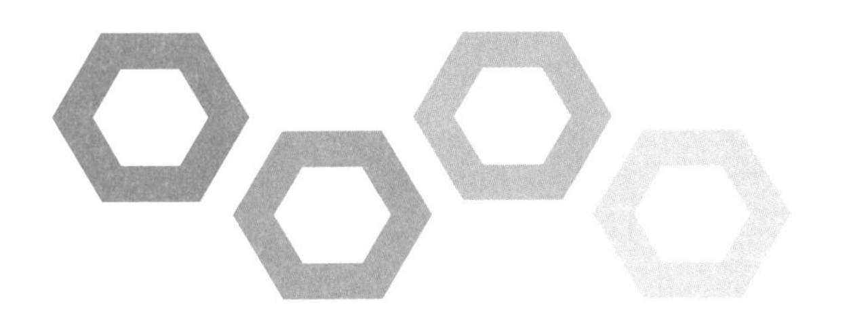

# 第 6 单元　数字媒体技术应用

## 单元目标

| | |
|---|---|
| 获取数字媒体素材 | 6.1　感知数字媒体技术 |
| 加工数字媒体素材 | 6.2　制作简单数字媒体作品 |
| 制作简单数字媒体作品 | 6.3　设计演示文稿作品 |
| 初识虚拟现实与增强现实技术 | 6.4　初识虚拟现实与增强现实 |

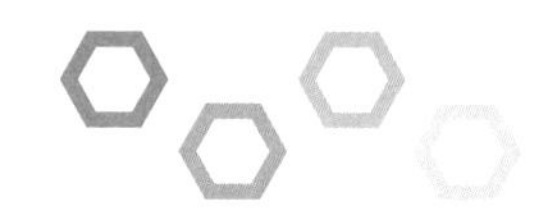

# 6.1　感知数字媒体技术

## 【学习目标】

1. 了解数字媒体技术及其应用现状。

（1）了解数字媒体的概念、分类，能识别各类数字媒体；

（2）了解数字媒体技术的应用领域。

2. 了解数字媒体文件的类型、格式及特点。

（1）了解常见的文本、图像、音频、视频、动画文件格式、特点及用途；

（2）了解数字图像类别、格式、像素尺寸和分辨率的含义；

（3）理解位图和矢量图的区别、优缺点；

（4）了解视频帧速率、画面分辨率、制式的含义；

（5）了解音频采样频率、量化位数、声道数的含义。

3. 会获取文本、图像、音频、视频等常见数字媒体素材。

4. 会进行不同数字媒体格式文件的转换，如使用“格式工厂”软件进行转换。

5. 了解数字媒体信息采集、编码和压缩等技术原理。

## 任务 1　体验数字媒体技术

### 练一练

一、单项选择题

1. 在导游专业教学中，跟着 3D 实景进行讲解训练，体现的数字媒体技术特点是（　　）。

A. 数字化　　B. 交互性　　C. 集成性　　D. 艺术性

2. 在体感游戏中，玩家通过自己身体的动作控制游戏中人物的动作，

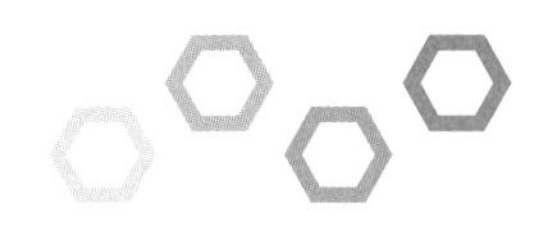



体现的数字媒体技术特点是（　　）。

A. 数字化　　B. 交互性　　C. 集成性　　D. 艺术性

3. 下列选项中不属于常见文字素材格式的是（　　）。

A. TXT　　B. DOCX　　C. HTML　　D. JPG

4. 下列选项中不能获取文字素材的是（　　）。

A. 手工书写　　B. 键盘打字

C. 语音识别　　D. 软件制作

5.（　　）是从一系列静止图像中产生的，每一幅图像都与前一幅略有不同，达到动态变化效果。

A. 视频　　B. 图像　　C. 音频　　D. 动画

二、填空题

1. 数字媒体技术具有________、________、________和________等特点。

2. 数字媒体技术采用________的形式通过计算机来存储、处理和传播文字、图像、声音、动画等信息。

3. 数字媒体素材包括________、________、________、________和________等。

三、判断题（正确的打“√”，错误的打“×”）

（　　）1. 数字媒体技术是结合了数字技术、网络技术、媒体与艺术设计的综合应用技术。

（　　）2.“库乐队”软件的运用体现了数字媒体技术的艺术性。

（　　）3. 因特网上有大量的素材可供下载，使用时不用考虑版权问题。

（　　）4. 图像分位图和矢量图两种。

（　　）5. 矢量图与分辨率没有关系，占用空间比较小，适合表现复杂的事物。

## 做一做

敦煌莫高窟是中国古代文明的一个璀璨艺术宝库，也是古代丝绸之路上

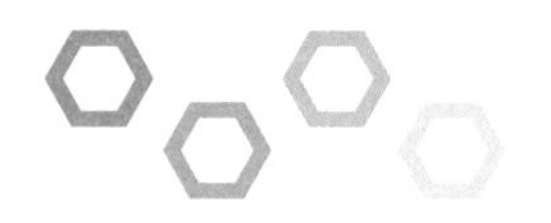

曾经发生过的不同文明之间对话和交流的重要见证。为了保存和保护这一文化资产，国家做了许多努力，利用多媒体技术保存了大量的数字资源，接下来让我们共同去寻找它的足迹。

## 一、走进故事

1. 打开央视网，搜索包含“敦煌”的资料，以下选项中你发现的内容有（　　）。

A.《敦煌》纪录片　　B.《敦煌伎乐天》纪录片

C. 几千条视频记录　　D.《我们的敦煌》纪录片

E.《敦煌传奇》电影　　F.《敦煌书法》纪录片

2. 人文历史类的《敦煌》纪录片以________呈现（选择其一：视频、图像），同时包含________（选择其一：音频、动画），主要记录了________个人物（选择其一：十、八）的命运故事，对敦煌千年的历史和生活进行了生动的展示，体现数字媒体技术________特点（请选择：a. 数字化，b. 交互性，c. 集成性，d. 艺术性）。

## 二、走进敦煌

1. 打开“数字敦煌”网站，如图 6-1-1 所示，浏览任意一个洞窟，你发现了________（请选择：① 文本、② 图像、③ 视频、④ 音频、⑤ 动画）数字媒体元素。

图 6-1-1　“数字敦煌”网站首页

2.“全景漫游”再现敦煌文化艺术（在每个洞窟页面最下方），体现数字媒体技术________特点（请选择：a. 数字化，b. 交互性，c. 集成性，

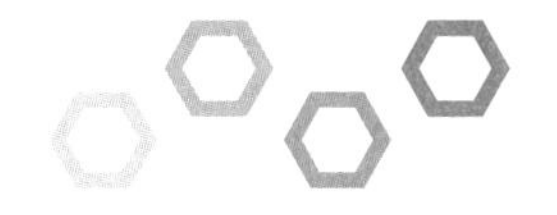



d. 艺术性）。

三、走进内心

利用数字媒体技术，我们既浏览了与敦煌有关的故事，又参观了洞窟，感悟到______。（从以下选项中选择）

A. 博大精深的历史底蕴　　B. 精湛的艺术作品

C. 巧夺天工的技艺　　D. 佛教艺术殿堂

E. 先人的伟大才智　　F. 艰苦卓绝的付出

## 探一探

同学们，你们能区分各数字媒体元素的文件格式吗？请借助网络完成表 6-1-1。

表 6-1-1　各数字媒体文件格式分析表

| 连线 | 文件格式 | 可用哪种软件制作（写出一种即可） |
| --- | --- | --- |
| 文本 | MP4 | |
| | PNG | |
| | HTML | |
| 图像 | DOCX | |
| | SWF | |
| 视频 | MOV | |
| | WMA | |
| 音频 | WAV | |
| | JPG | |
| | MP3 | |
| 动画 | TXT | |
| | BMP | |

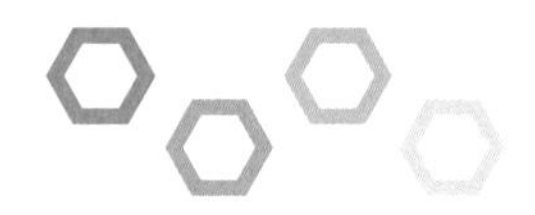

## 任务 2　了解数字媒体技术原理

### 练一练

一、单项选择题

1. 将连续的模拟信号转换为离散的数字信号过程中，不需要的步骤是(　　)。

A. 采样　　B. 压缩　　C. 量化　　D. 编码

2. 数字信号采用的编码是(　　)。

A. 二进制　　B. 八进制　　C. 十进制　　D. 十六进制

3. 下列选项中不属于有损压缩特点的是(　　)。

A. 不能完全恢复原始数据　　B. 会产生失真

C. 压缩比可以很高　　D. 不影响文件内容

4. 数据压缩实际上是一种(　　)。

A. 编码过程　　B. 压缩过程

C. 读写过程　　D. 存储过程

5. 下列选项中，不属于常用的无损压缩工具的是(　　)。

A. WinZip　　B. WinRAR

C. Windows　　D. 360 压缩

二、填空题

1. 在计算机上录音，用数码相机拍摄图片、视频等，其本质是把________转换成________。

2. 数据压缩实际上是一种编码过程，即根据原始数据的内在联系将数据从一种编码________为另一种编码，以减少表示信息所需要的________。

3. 数据压缩从不同的角度有不同的分类，根据质量有无损失可分为________和________。

三、判断题(正确的打“√”，错误的打“×”)

(　　)1. 自然界中的信息大多是模拟量，即在空间上是连续的量。

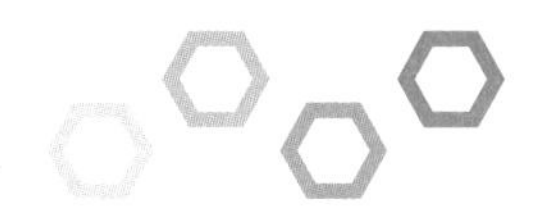



（　　）2. 模拟信号是连续的，数字信号是离散的。

（　　）3. 数字化处理后的信息，特别是视频信息数据量非常大，要占据很大的存储空间。

（　　）4. 无损压缩不能完全恢复原始数据，会产生失真，但压缩比可以很高。

（　　）5. 有损压缩利用了人类听觉器官对声音中的某些频率成分不敏感的特性。

## 做一做

学校团委组织诗歌朗诵微视频比赛，参加的同学需交一份图、文、声相结合的朗诵视频，视频内容包含与诗歌相匹配的场景、诗歌文字及朗诵者语音。小林选取了《雨巷》这首诗制作微视频，小林需要解决以下问题：第一，要将书中的诗歌转换成数字文本；第二，要录制自己朗诵的声音；第三，拍摄真实的雨巷画面。

### 一、数字媒体元素

从上述情境中发现，小林需要获取的数字媒体元素是________（从以下选项中选出正确的序号填入横线上）。

① 文本；　② 图像；　③ 视频；　④ 音频；　⑤ 动画。

### 二、获取文本

1. 小林使用全能扫描王 APP 扫描图片，识别文字，在图 6-1-2 中圈出需要选择的工具。

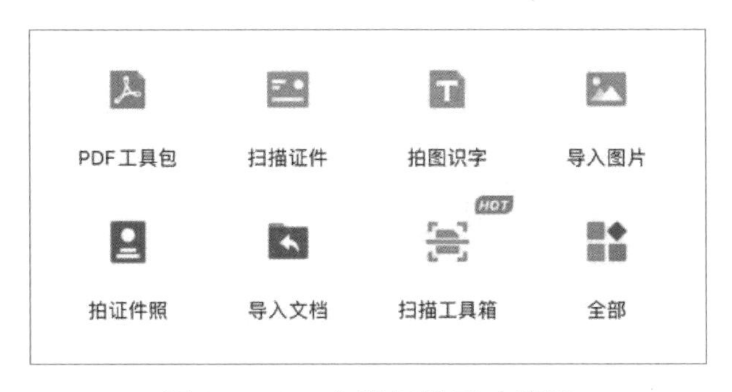


图 6-1-2　全能扫描王功能页

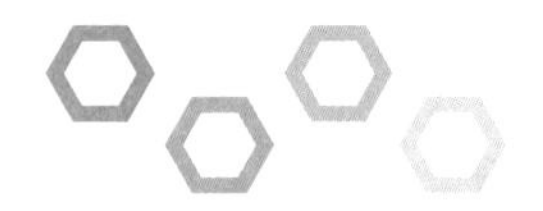

2. 转换为数字文本后，可以在计算机上编辑、复制、导出，小林想导出 .docx 格式文档，其方法为________，请在图 6-1-3 中圈出导出选项。

图 6-1-3　文本导出

三、获取音频

1. 音频则需要通过小林朗诵《雨巷》获取，他采用计算机录音，需要具备的硬件是________（请选择：① 耳机，② 麦克风，③ 音箱）。

2. 打开录音机，单击________开始录音。

3. 录制完后，单击“停止录制”按钮，弹出图 6-1-4 所示对话框，单击“保存”按钮，录音文件的默认保存格式是________。

图 6-1-4　使用录音机保存文件

四、视频文件格式转换

小林用自己的手机拍摄了一段下雨时的巷子视频，导入计算机时发现，录制的视频格式为 MOV，不能正常导入到视频编辑软件中，需要转换格式，

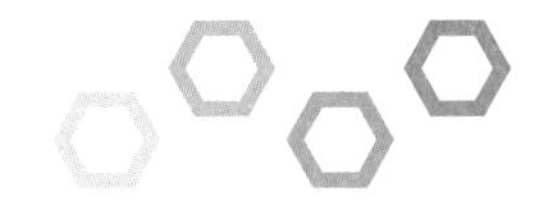



他使用“格式工厂”软件完成转换。

1. 打开“格式工厂”软件，小林需要将MOV格式的视频转换成MP4格式，请在图6-1-5中圈出相应的选项。

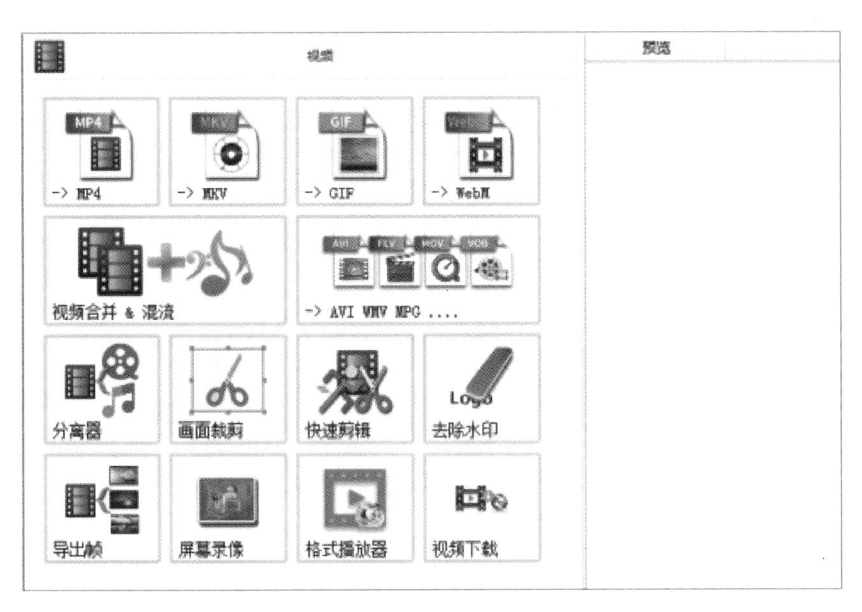


图 6-1-5 视频格式转换功能

2. 请依次完成转换设置，并把图6-1-6中序号按执行的先后次序排列________。

图 6-1-6 使用格式工厂保存转换后文件

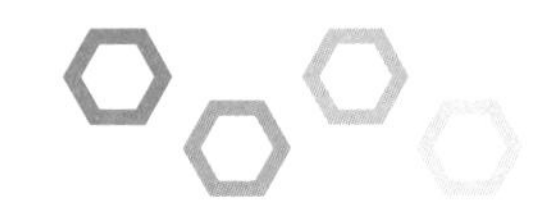

探一探

1. 使用“格式工厂”软件将小林录制的朗诵音频转换成 MP3 格式。

2. WebP 文件是新一代图片文件格式，它的优点是同等画面质量下，体积比 JPG、PNG 等小很多，请从网上下载一张 WebP 图片，再用“格式工厂”软件将其转换为 JPG 格式。

3. 利用微信将语音转换成文字：将《雨巷》这首诗歌，用微信语音的形式录入，再使用转文字功能，将语音转换成数字文本。

## 6.2　制作简单数字媒体作品

【学习目标】

1. 会对图像素材进行简单编辑、处理。

（1）了解 Photoshop 操作界面与设置；

（2）掌握 Photoshop 文件基本操作和编辑菜单项中的基本功能；

（3）掌握 Photoshop 选框、画笔、橡皮擦、渐变、油漆桶和文字等工具的使用方法；

（4）掌握图层面板和图层基本操作；

（5）掌握蒙版的创建和应用；

（6）掌握常用滤镜的应用。

2. 会对视频、音频等素材进行简单编辑、处理。

（1）掌握“Windows 影音制作”软件中创建视频、导入素材、添加特效等基本操作；

（2）掌握裁剪、字幕、贴图、声音、滤镜、转场等编辑操作；

（3）会按制作要求，导出规范格式的视频作品。

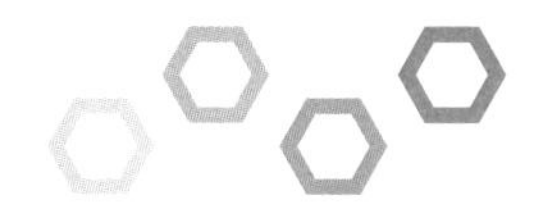



3. 会制作简单动画。

（1）了解常用动画的类型；

（2）掌握利用 Photoshop 时间轴选项制作 GIF 动画的方法。

## 任务 1 加工处理图像

### 练一练

一、单项选择题

1. 下列选项中不属于图像处理软件的是（　　）。

A. Photoshop　　B. 美图秀秀

C. WPS　　D. CorelDRAW

2. 下列选项中不属于构图要点的是（　　）。

A. 突出主体　　B. 动中有静

C. 平均分配　　D. 色彩适宜

3. 黄金分割法在实际应用中采用的近似值是（　　）。

A. 1∶3　　B. 3∶4　　C. 3∶5　　D. 5∶7

4. 在色相环上位置相对的颜色称为（　　）。

A. 补色　　B. 相似色　　C. 近似色　　D. 反差色

5. 代表快乐、光明的颜色是（　　）。

A. 红色　　B. 白色　　C. 绿色　　D. 橙色

二、填空题

1. 黄金分割法中，较小部分与较大部分的比值约为________。

2. ________是构图的最基本方式，即把画面横竖各分为三等份。

3. 均衡法有________和________，是一种相互呼应、相对平衡的视觉艺术。

三、判断题（正确的打“√”，错误的打“×”）

（　　）1. 图像是人类获取和交换信息的主要来源之一。

（　　）2. 在三分法构图中，把主体放在分割线上，可以达到突出主体

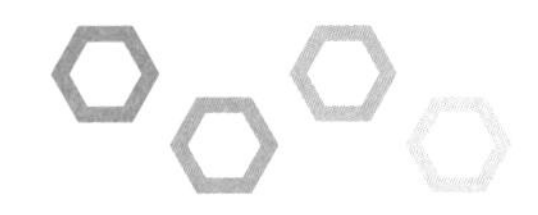

的效果。

(　　) 3. 将图片背景去掉，形成透明背景，其保存的文件格式是 PNG。

(　　) 4. 有彩色的基础是红、黄、绿三种颜色，称为三原色。

## 做一做

清明节是中华民族古老的节日，既是一个扫墓祭祖节日，也是人们亲近自然、踏青游玩、享受春天的节日。在清明节到来之际，老师引导大家制作清明节、踏春海报，以提升同学们的制作技巧。

### 一、制作清明节海报

1. 了解 Photoshop CS6 界面。

请将窗口各部件的编号填入图 6-2-1 方框内。

① 菜单栏；② 选项栏；③ 工具栏；④ 图像窗口；⑤ 图层面板。

图 6-2-1　Photoshop CS6 界面

2. 处理柳条图像：柳条图像背景透明，此处可使用________工具，将柳条拖入背景图层，由于柳条占位过大，且有散叶飞舞，画面不够美观，对此进行调整。

(1) 调整大小。

请判断：图 6-2-2 中，选择“缩放”命令时，图层选择是否正确？(　　)

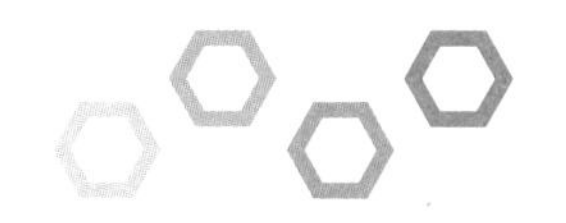



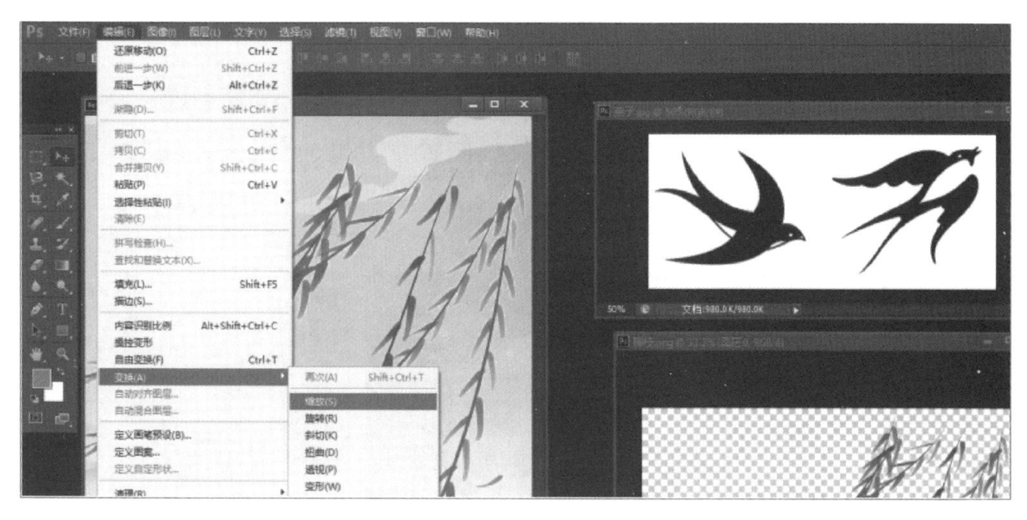


图 6-2-2 处理柳条图像

（2）处理散叶。

利用“橡皮擦工具”处理散叶，在正确的操作方法前打钩。

（　　）用该工具框住散叶，再按 Delete 键删掉。

（　　）用该工具在散叶上涂抹。

3. 处理燕子图像：燕子图像背景为白色，直接放入背景图像并不合适，需要先去掉白色背景，此时可使用________（在图 6-2-3 中圈出）工具选中白色部分，接着单击图中________（在图 6-2-3 中圈出）位置，形成图中虚线选框，此时选中的是________（请选择：白色背景，燕子）。在将燕子拖入背景图层前，需进行的操作是（请在正确项前打钩）。

（　　）什么都不做。（　　）将选区进行反向选择。

图 6-2-3 处理燕子图像

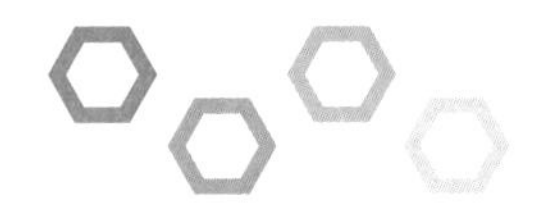

4. 添加文字：输入文字可选择________（在图 6–2–4 中圈出）工具，接着在需添加文字的位置单击，输入“清明节”三个字，调整字体、大小及颜色（在图 6–2–4 中圈出设置字体大小及颜色位置）。设置投影，调出“图层样式”对话框，设置投影的相关参数，需要勾选________，如图 6–2–4 所示。

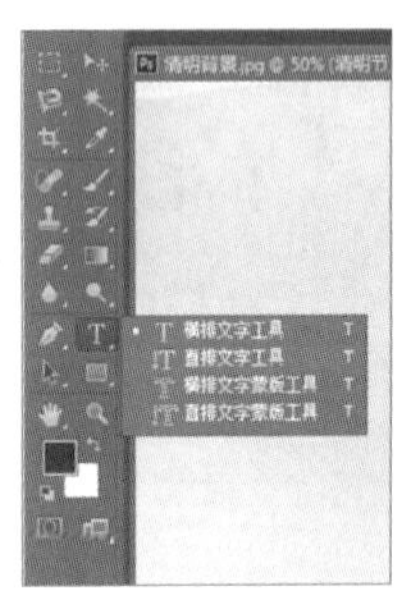

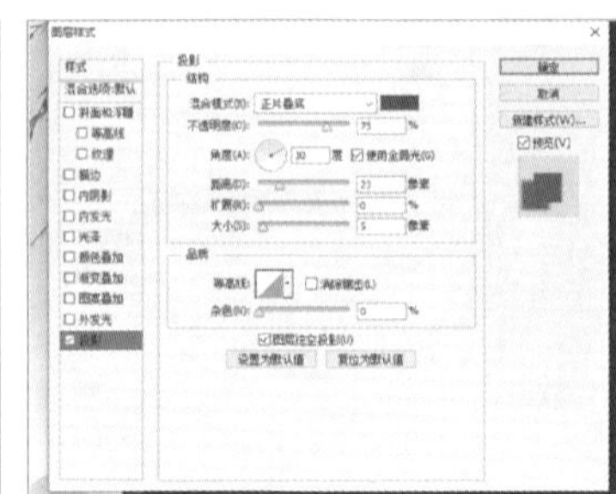

图 6–2–4　设置文字

5. 设置图层（将对应操作的序号填入括号内）：排列图层（　　），重命名图层（　　）。

① 选中某一图层，双击图层名，输入名称；

② 选中某一图层，按住鼠标左键将其拖动到目标位置，释放鼠标左键。

## 二、制作踏春海报

1. 素材及效果如图 6–2–5 所示，需要利用蒙版、滤镜、抠图等方式完成。

图 6–2–5　素材及效果图

2. 使用________工具，将“女孩”拖入“风景”，并为该图层增加蒙版，请在图 6–2–6 中圈出添加蒙版按钮。

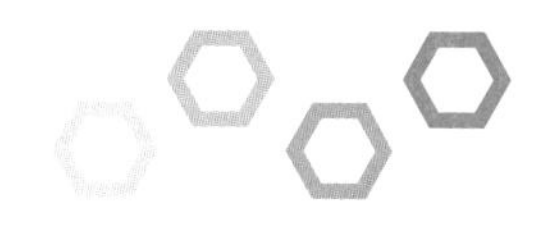



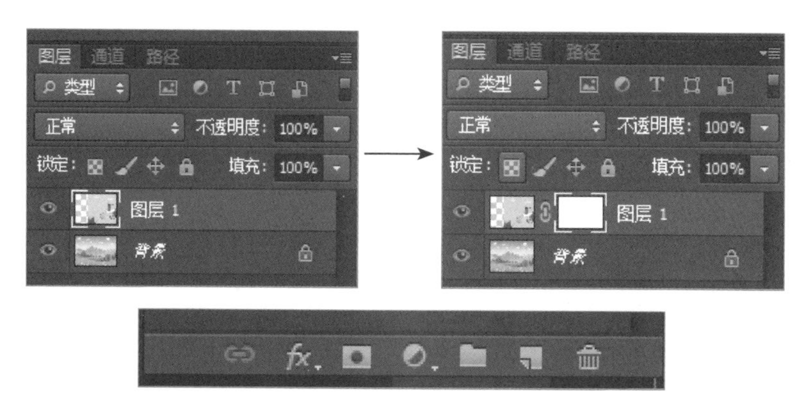


图 6-2-6　添加蒙版

3. 请在图 6-2-7 的两幅图中勾选出使用蒙版后正确的效果。

图 6-2-7　为“女孩”图像添加蒙版

4. 为背景图层添加阳光，选择________→________→________，在“镜头光晕”对话框中，可以设置三项参数，分别为位置、________、________。

5. 添加“兔子”元素，需要去除原图背景，可使用________工具，直接选择背景，选择“选择反向”命令后，再用________工具将其移动到“风景”中，如图 6-2-8 所示。

图 6-2-8　去除“兔子”图像背景

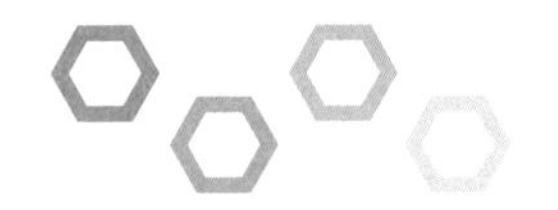

6. 调整“兔子”大小、方向及位置后，为了让图像更美观，需要擦除“兔子”左右两侧的横线，可使用________工具，直接擦除即可。

7. 在存储文件时，需要将其以源文件形式和普通图像形式存储，其源文件格式为________，源文件存储该图像图层共________个。

## 探一探

以自己的一寸照为原片，用美图秀秀制作图 6-2-9 所示的名牌。

图 6-2-9　名牌效果图

## 任务 2　制作动画作品

## 练一练

一、单项选择题

1. 以下选项中不属于计算机常用动画制作软件的是（　　）。

A. Animate　　B. 3ds Max

C. Flash　　D. WPS

2. 下列选项中 GIF 图像不支持的模式是（　　）。

A. 位图　　B. RGB

C. 灰度　　D. 索引颜色

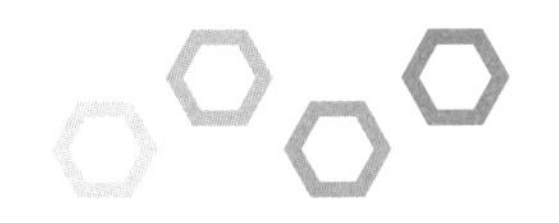



3. 下列选项中关于 GIF 图像的描述错误的是（　　）。

A. 文件较大　　B. 适用于网页

C. 网上流行　　D. 可形成动图

4. 可以表现植物生长过程的闪图格式是（　　）。

A. JPG　　B. BMP　　C. PNG　　D. GIF

5. 利用美图秀秀制作 GIF 闪图时，以下选项中不能完成的操作是（　　）。

A. 调整单张图的位置　　B. 修改单张图的比例

C. 调整闪图的速度　　D. 修改闪图大小

二、填空题

1. 动画按照形式可以分为________、________、________。

2. 每秒放映 24 张画面时，人眼看到的就是连续的画面效果，刷新频率为________。

3. GIF 是________位图像文件，它能存储成背景________的图像形式。

三、判断题（正确的打“√”，错误的打“×”）

（　　）1.《大闹天宫》《神笔马良》属于立体动画。

（　　）2. 制作 GIF 闪图，中间图像越多，画面越流畅。

（　　）3. GIF 闪图是将多幅图像数据保存为一个图像文件。

（　　）4. GIF 闪图不属于计算机动画。

## 做一做

同学们，大家小时候都看过动画片《大闹天宫》吧？这个故事来源于四大名著之一——《西游记》，其主人公住在一个叫“花果山”的地方，有山有水，风景优美。老师从动画片《大闹天宫》中截取了一些画面，将它们做成动图效果，大家也可以试一试。

一、查看图片

1. 图片共________幅，播放顺序从第 01 幅到第 16 幅，描述孙悟空________（请选择：① 先入水再出水，② 先出水再入水）画面，如图 6-2-10 所示。

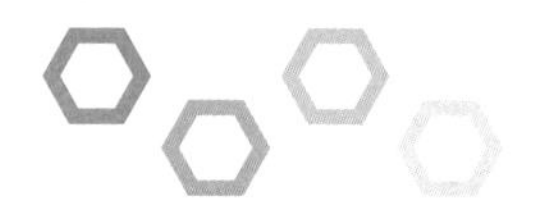

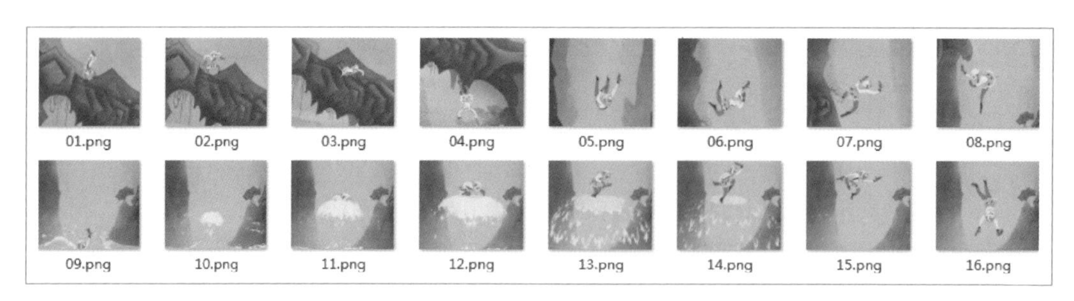


图 6-2-10　素材文件

2. 切换文件查看方式为“内容”，发现图片尺寸为________像素，所有图片尺寸（选择：□一样，□不同），如图 6-2-11 所示。使用 Photoshop 制作动图时，（选择：□需要，□不需要）将图片尺寸调整成一样。

|  |  |  |
|---|---|---|
| 01.png | 类型：PNG 图像<br>尺寸：1184 x 983 | 大小：711 KB |
| 02.png | 类型：PNG 图像<br>尺寸：1184 x 983 | 大小：710 KB |
| 03.png | 类型：PNG 图像<br>尺寸：1184 x 983 | 大小：656 KB |
| 04.png | 类型：PNG 图像<br>尺寸：1184 x 983 | 大小：554 KB |
| 05.png | 类型：PNG 图像<br>尺寸：1184 x 983 | 大小：249 KB |
| 06.png | 类型：PNG 图像<br>尺寸：1184 x 983 | 大小：350 KB |
| 07.png | 类型：PNG 图像<br>尺寸：1184 x 983 | 大小：365 KB |

图 6-2-11　素材文件信息

## 二、图像合并

1. 请判断图 6-2-12 中是否已将 16 幅图片全部打开（请选择：□是，□否）。

图 6-2-12　导入部分素材

2. 将其他 15 幅图移入“01.jpg”，需使用________工具。（请在下面选项中选择）

① 套索，② 文字，③ 移动，④ 画笔，⑤ 选框。

3. 15 幅图按文件名 02–16 依次拖入“01.jpg”文件，并为其图层重命

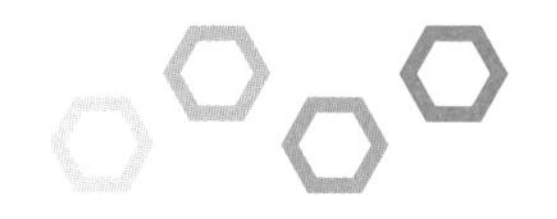



名。图 6-2-13（a）是重命名前的图层，图 6-2-13（b）是重命名后的图层，请以连线的方式将命名前后的图层进行配对。

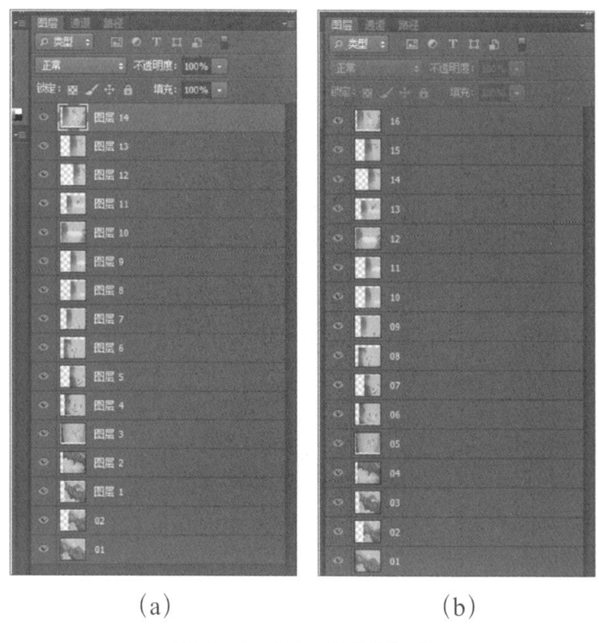


（a） （b）

图 6-2-13 图层命名

三、图像对齐

1. 请判断图 6-2-14 中各图层图像是否对齐（请选择：□是，□否）。

图 6-2-14 图像对齐分析

2. 为了提高便利性，可只显示单个图层上的图像，与透明背景进行对比，对齐文件边缘，图 6-2-15 是在对齐________图层，只显示了________图层。

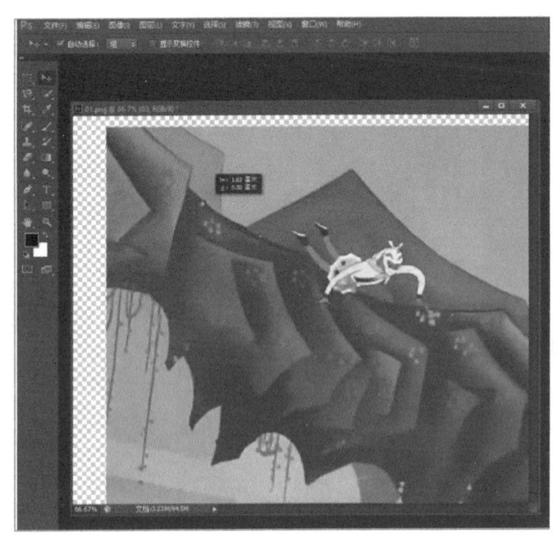

图 6-2-15　图像对齐操作

四、时间轴设置

1. 要设置动图效果，需使用 Photoshop“窗口”菜单中的________功能。

2. 请将图 6-2-16 时间轴上指定按钮功能的序号填入方框内。

① 新建帧；② 删除帧；③ 设置某一帧的播放时间；④ 设置动图的重复次数。

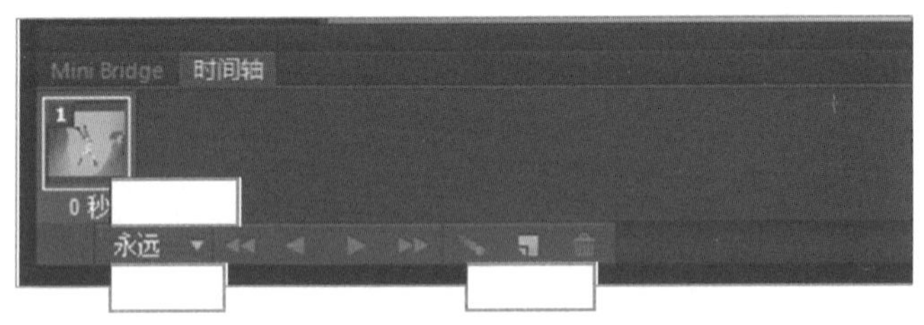


图 6-2-16　帧的操作

3. 每一帧显示一幅图像，16 幅图像共需要________帧，在图 6-2-17 基础上，还需要新建________帧。

图 6-2-17　16 帧图像

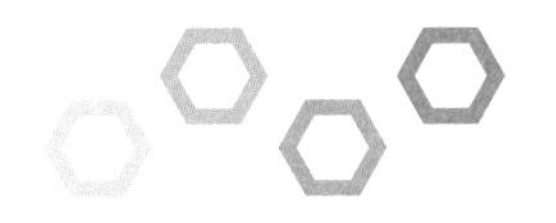



4. 图 6-2-18 是在设置第________帧的图像，在“图层”面板中需要显示的图层名是________。

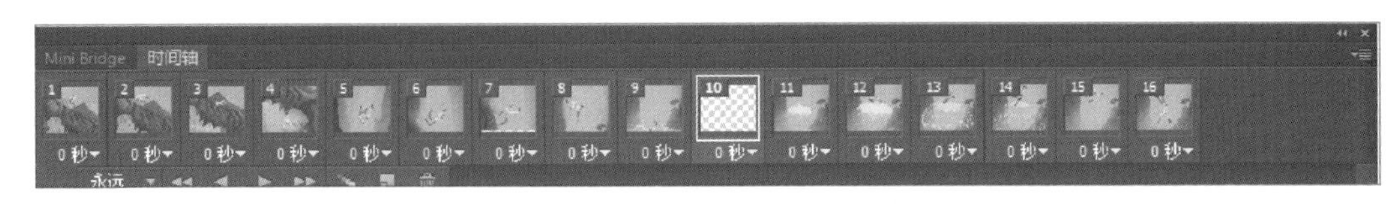


图 6-2-18　设置对应帧图像

5. 从图 6-2-19 中可以看出，每一帧播放时长为________秒。如果将播放次数设置为一次，请在图 6-2-19 中圈出应选择的命令。

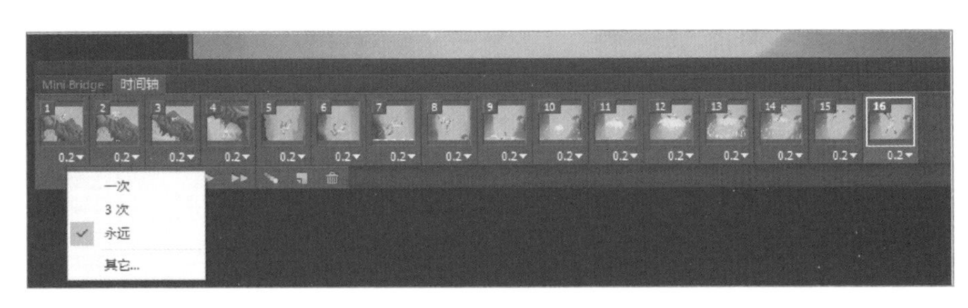


图 6-2-19　时间轴的设置

五、导出 GIF 文件

为了让图像能正常播放，请在图 6-2-20 中圈出正确的选项，完成 GIF 文件保存。

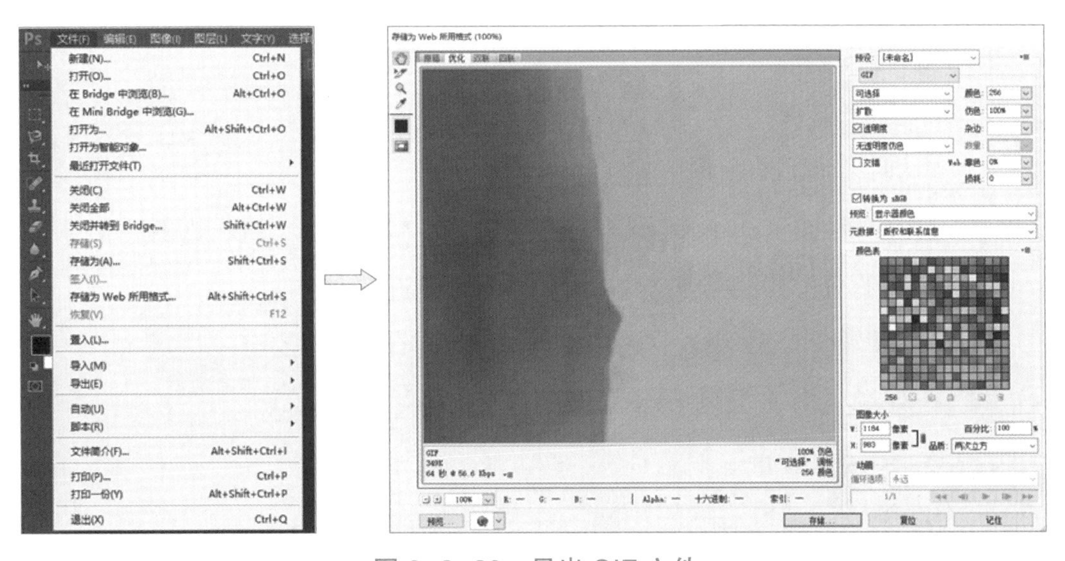


图 6-2-20　导出 GIF 文件

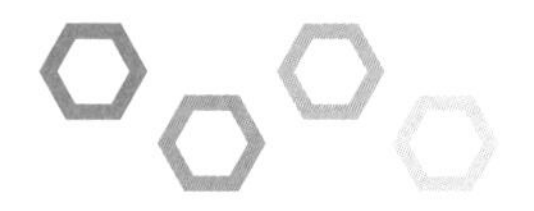

## 探一探

用"美图秀秀"软件制作"少年奔跑"闪图素材如图6-2-21所示。

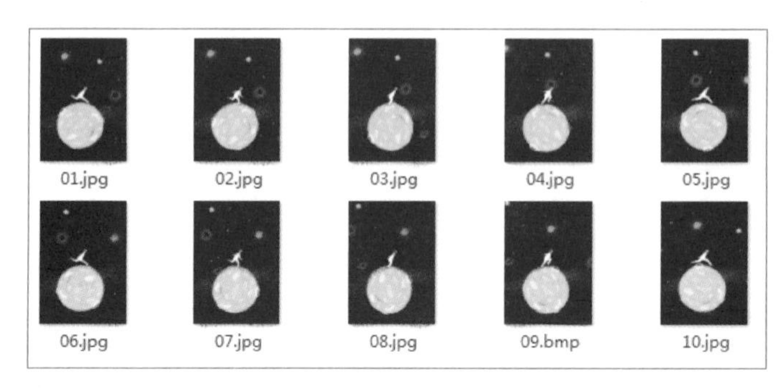


图6-2-21　"少年奔跑"闪图素材

## 任务3　制作短视频作品

### 练一练

一、单项选择题

1. 下列选项中不属于短视频制作流程的是（　　）。

A. 脚本创作　　B. 音效设置

C. 拍摄素材　　D. 视频剪辑

2. 下列选项中不属于景别的分类的是（　　）。

A. 远景　　B. 中景　　C. 小景　　D. 近景

3. 景别的分类中摄像机与被摄物体距离最近的是（　　）。

A. 远景　　B. 中景　　C. 近景　　D. 特定

4. 下列选项中关于镜头运动方式的描述不正确的是（　　）。

A. 摄像机在推、拉、摇等形式的运动中拍摄

B. 突破了画框边缘的局限

C. 拓展画面视野

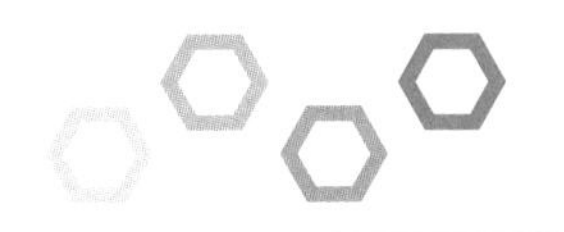



D. 镜头运动改变画面大小

5. 下列选项中关于镜头组接规律的描述不正确的是（　　）。

A. 景别的变化要采用循序渐进的方法

B. 镜头组接中的拍摄方向遵循轴线规律

C. 镜头组接要遵循动静结合的规律

D. 镜头组接要讲究色调的统一

二、填空题

1. 拍摄素材时，可用手机，但最好能配合________拍摄。

2. 脚本创作一般可包含________、内容、________、音效、时间。

3. ________是指摄像机与被摄物体对象的距离不同，造成被摄物体在画面中呈现出不同的大小。

三、判断题（正确的打“√”，错误的打“×”）

（　　）1. 脚本是整个拍摄流程，或者说是拍摄说明书。

（　　）2. 拍摄素材一定要用专业的设备拍摄。

（　　）3. 镜头运动方式必须符合人们观察事物的习惯。

（　　）4. 在视频剪辑过程上，不一定要配上音乐和特效。

（　　）5. 镜头组接要遵循动接动、静接静的规律。

## 做一做

对每一位中职生而言，学好技能，才能更好地适应岗位，拓展个人职业道路。每年技能大赛是展现个人能力的最佳平台，期间展现出的不仅仅是选手们精湛的技艺，更是每个人身上那股沉着冷静、精益求精、坚持到底的进取精神。为提倡和传播这种精神，学校希望把比赛时留下的照片做成微视频，传递给每一位学子，让精神流传下去。

一、制作技能比赛微视频

（一）“剪映”软件界面

请将窗口各部件的编号填入图 6-2-22 框内。

① 时间轴，② 素材放置区，③ 播放器，④ 参数设置区，⑤ 视频导出。

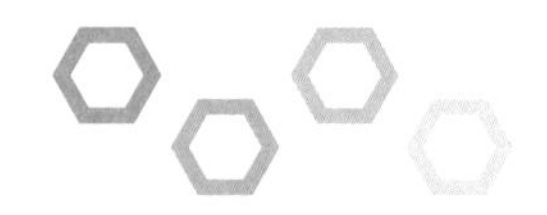

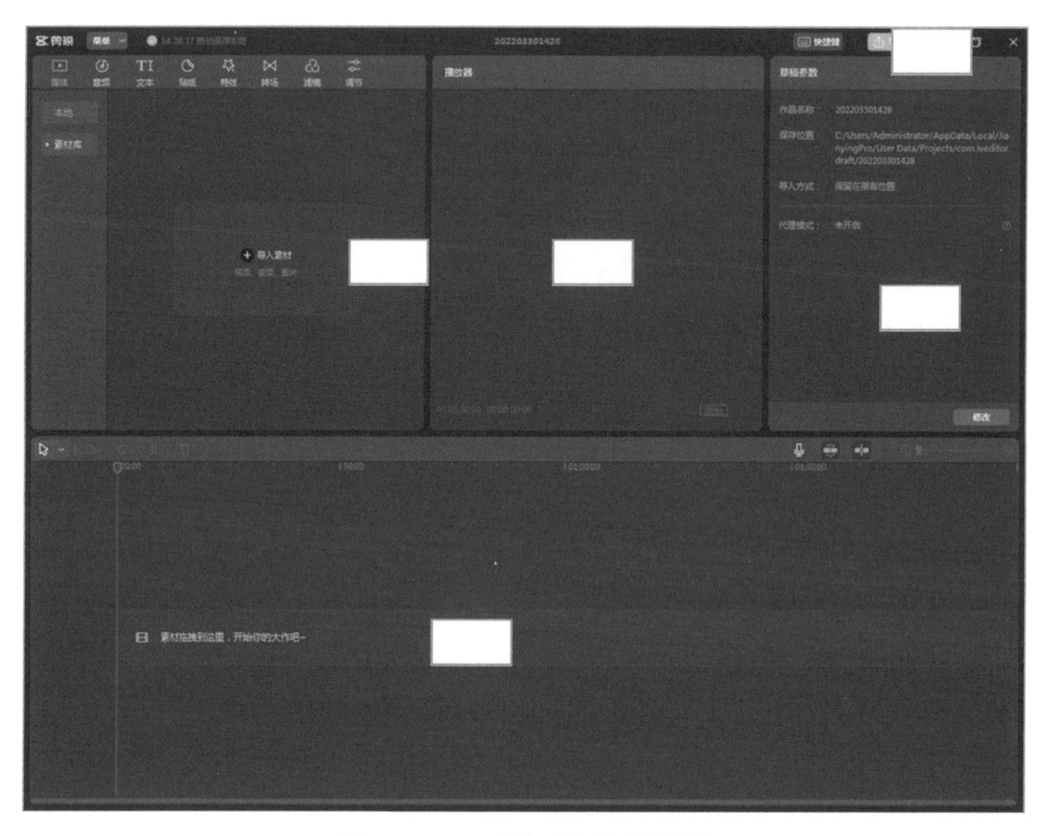


图 6-2-22　“剪映”软件界面

（二）短视频素材

1. 素材文件夹中包含的素材有________、________、________、________，如图 6-2-23 所示。

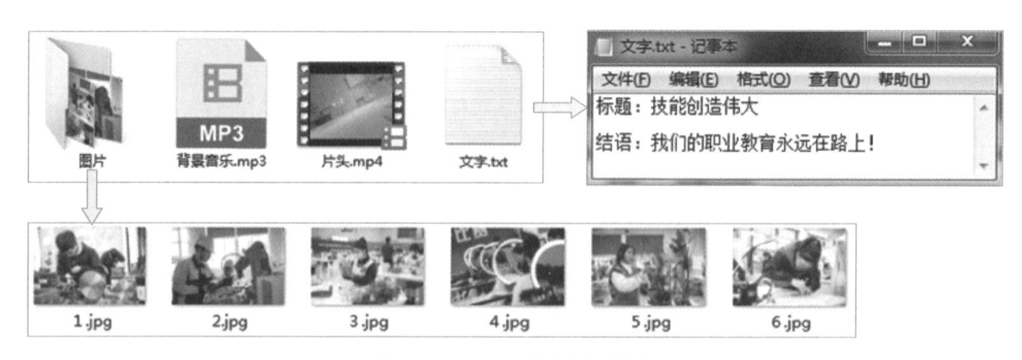


图 6-2-23　素材文件夹

2. 请将各素材编号填入下方横线处，进行视频预编排。

① 1.jpg，② 2.jpg，③ 3.jpg，④ 4.jpg，⑤ 5.jpg，⑥ 6.jpg，⑦ 片头 .mp4，⑧ 背景音乐 .mp3，⑨ 技能创造伟大，⑩ 我们的职业教育永远在路上！

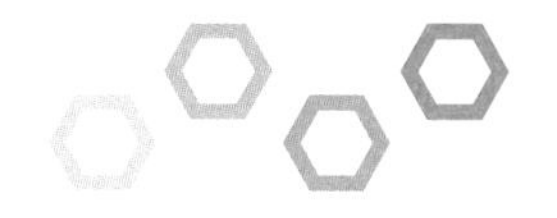



字幕 ________________________

图像 ________________________

音效 ________________________

（三）导入素材并将图像放入时间轴

1. 请在图 6-2-24 中圈出素材导入按钮，将图片、视频、音频素材导入“剪映”。

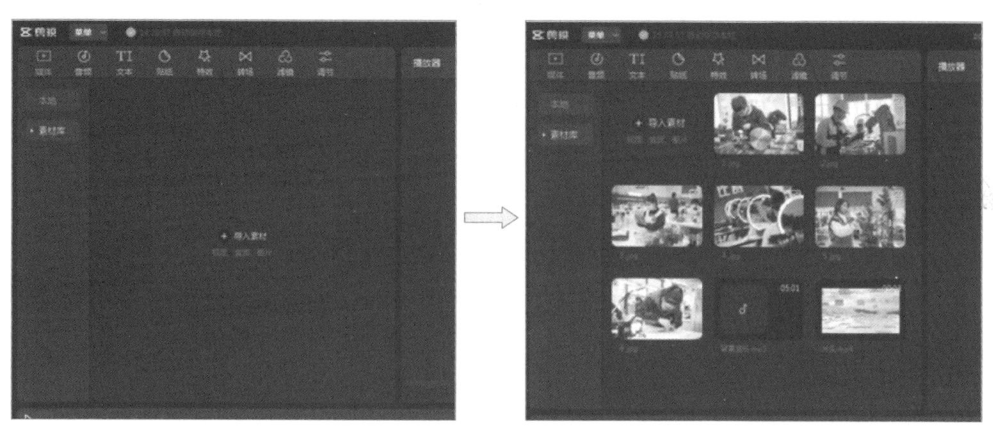

图 6-2-24 导入素材

2. 将图像放入时间轴，在正确方法前打“√”。

（　　）选中某一素材，按住鼠标左键，将素材放入时间轴后，释放鼠标左键。

（　　）选中某一素材，复制后，将素材粘贴到时间轴。

（四）设置文字

1. 添加片头文字“技能创造伟大”，请判断图 6-2-25 时间线放置位置是否合理，请在正确选项前打“√”。

（　　）合理　　　　　　　　　（　　）不合理

图 6-2-25 片头文字位置

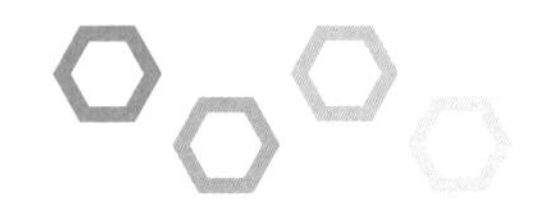

2. 制作图 6–2–26（a）中的文字效果，请在图 6–2–26（b）中圈出需要设置的选项。

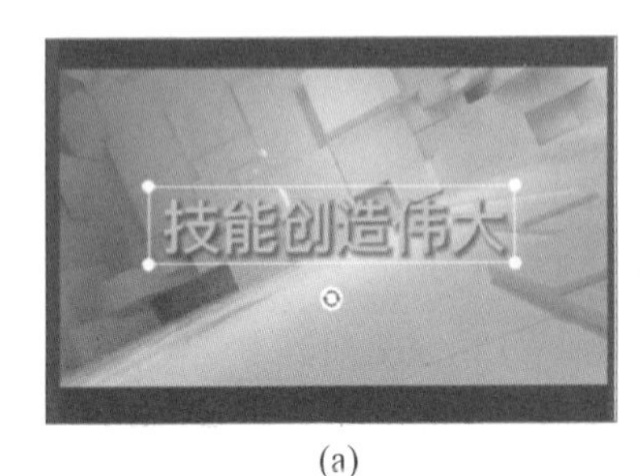


(a)

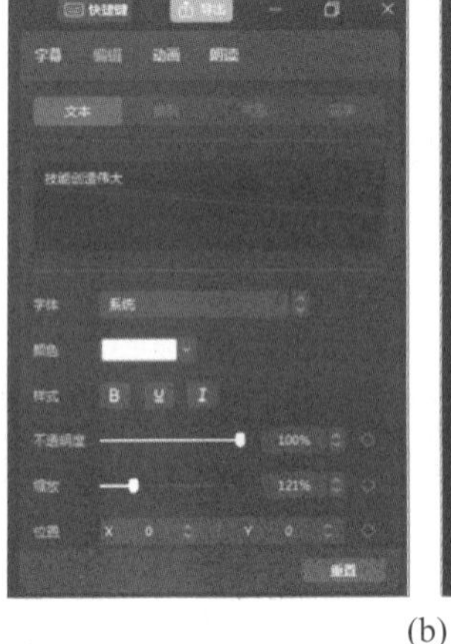

(b)

图 6–2–26　文字格式设置

3. 请在图 6–2–27 中圈出调整文字出现时长设置的位置。

图 6–2–27　文字时长设置

（五）添加转场

1. 转场可让图像与图像之间的过渡显得更加自然，请仔细观察图 6–2–28，并完成以下两题。

（1）如果添加“翻页”转场，在“转场效果”中应

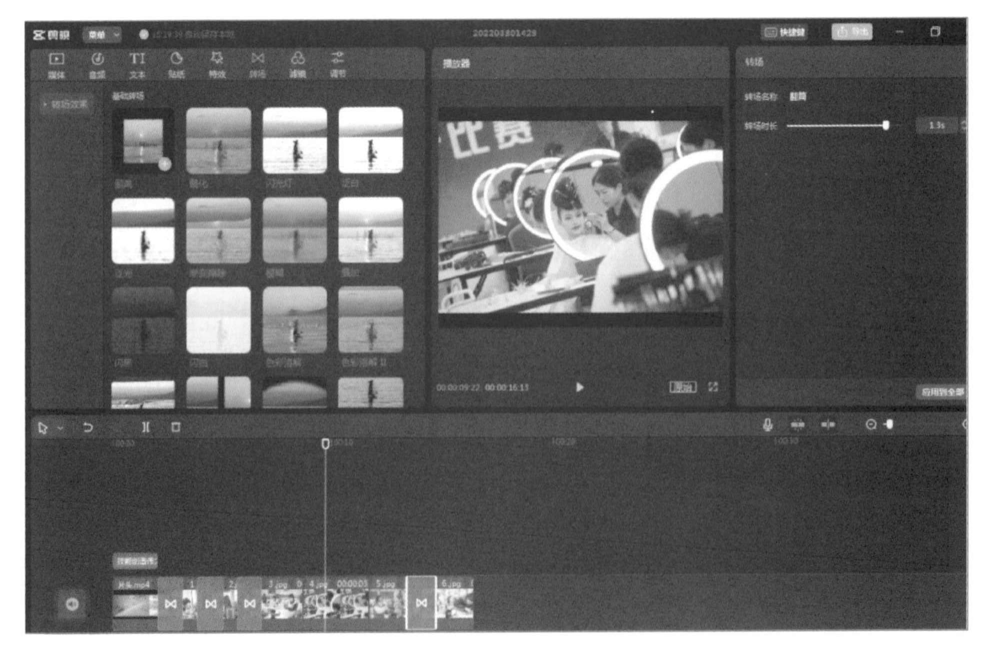

图 6–2–28　转场效果设置

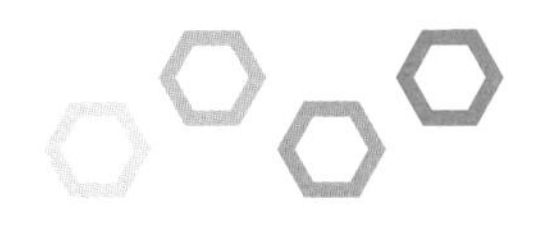



该单击哪个按钮，请在图中圈出。

（2）判断图 6-2-28 是在哪两个图像间添加转场，请选择：□ 3 和 4，□ 4 和 5。

2. 判断题：转场添加位置与时间线所在位置有关。（　　）

（六）设置音频

1. 查看图 6-2-29，音频是否符合要求：________，如不符合，请说明原因________。

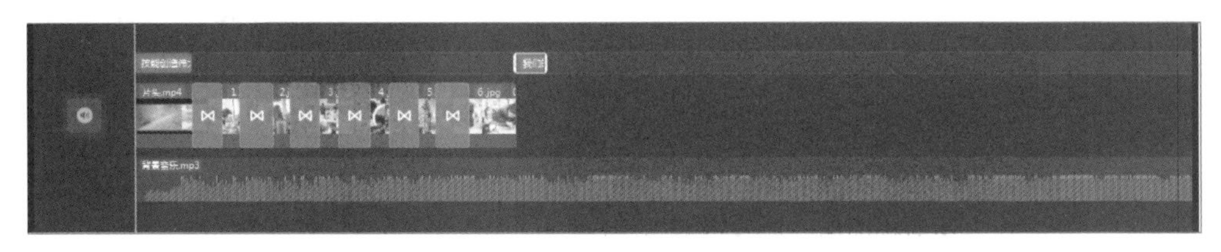

图 6-2-29　音频设置

2. 当音频过长时，需要分割，查看图 6-2-30 的两幅图，其不同点是________，请在正确分割的图旁边打“√”。

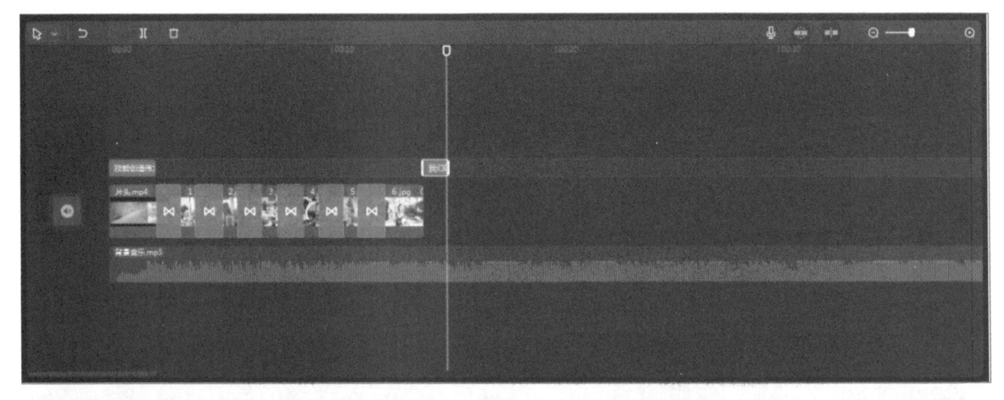

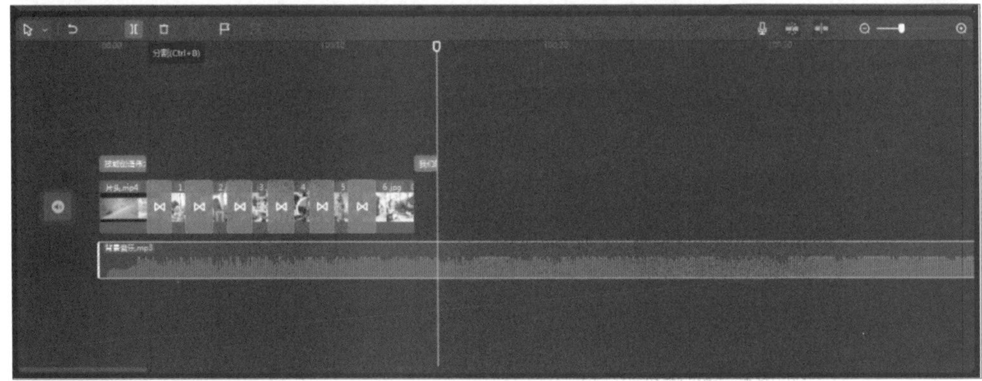

图 6-2-30　音频分割

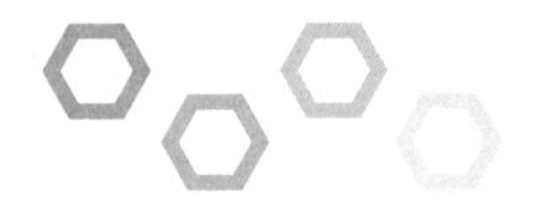

3. 请在图 6-2-31 中圈出分割和删除的按钮。

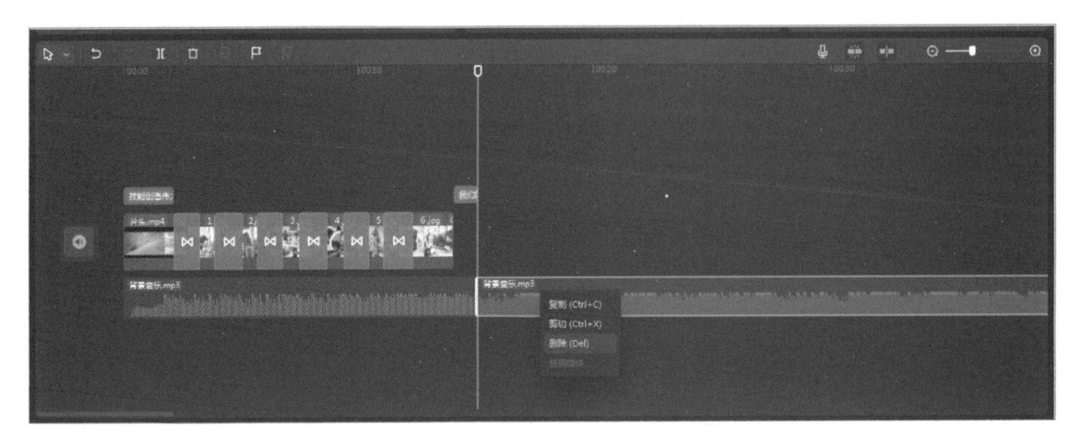


图 6-2-31　音频分割及删除

4. 对比图 6-2-32 中的两幅图，音频增加了什么设置？（请选择：□淡入；□淡出）

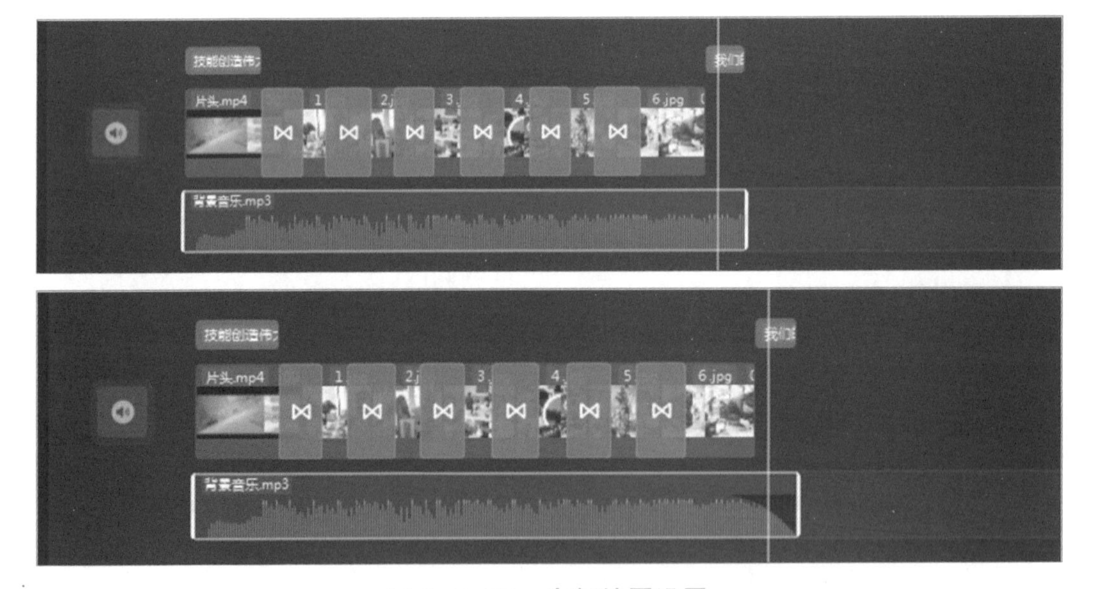


图 6-2-32　音频结尾设置

（七）视频导出

单击________按钮，弹出“导出”对话框，生成文件格式为________，如图 6-2-33 所示。

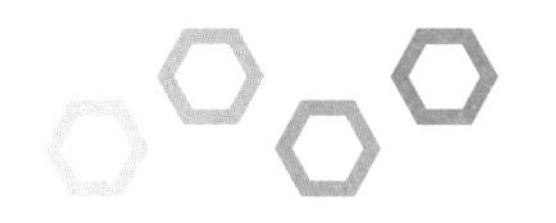

图 6-2-33　视频导出

二、剪辑电子行业视频

1. 其视频总时长为________，为方便截取，可放大显示比例（请在图 6-2-34 中圈出缩放按钮）。

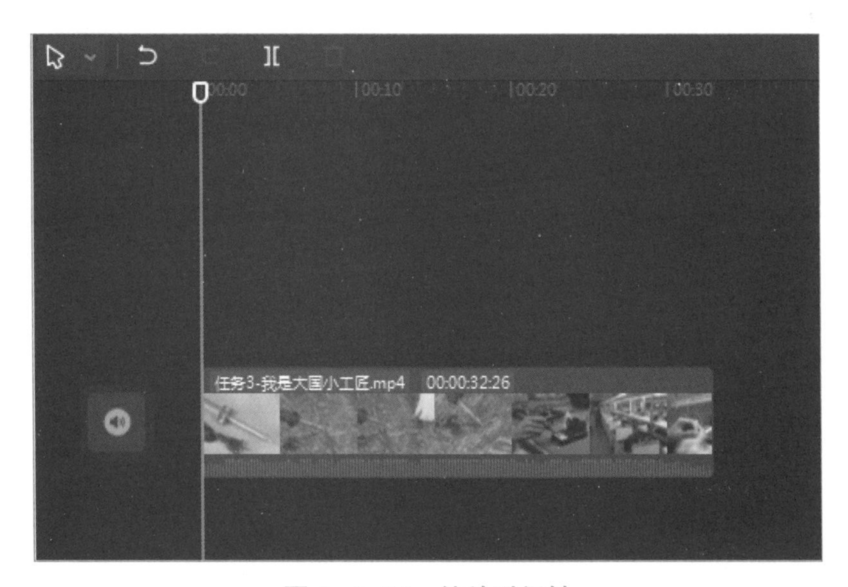


图 6-2-34　缩放时间轴

2. 根据视频内容，需要截取的时段为 00:00:03:15~00:00:17:15、00:00:27:15~00:00:29:00，因此需要在________、________、________、

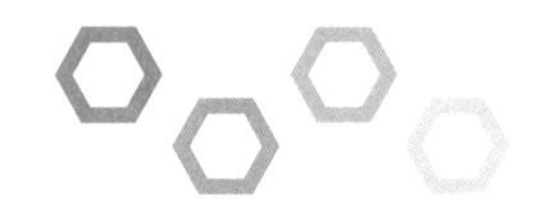

________四个时间点进行分割。图 6–2–35 所示时间线在第一个时间点，接下来需要单击________（请在图中圈出）按钮，完成分割。

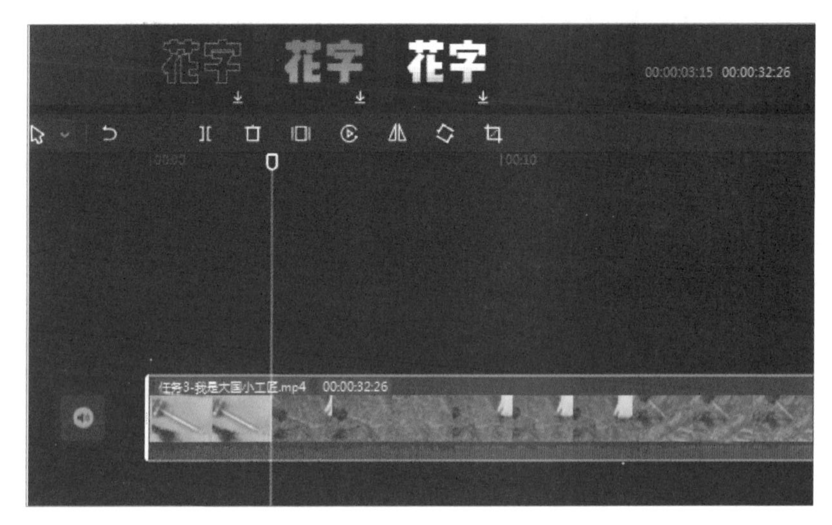


图 6–2–35　截取视频片段

3. 完成分割后，如图 6–2–36 所示，现需要删除的视频段为________（请将编号填入横线上）。

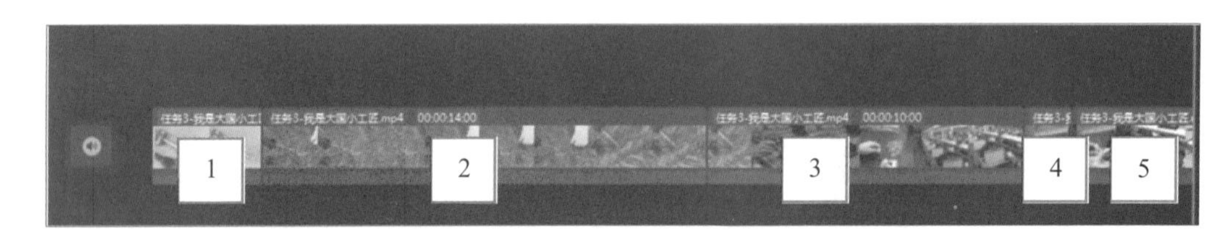


图 6–2–36　删除视频片段

4. 截取的第二段视频时长较短，可将其延长至 3 秒，请在图 6–2–37 中圈出设置选项。

5. 现为视频添加特效，为第一段视频添加“放大镜”效果，为第二段视频添加“渐渐放大”效果让细节更突显，请在图 6–2–38 中圈出这两个特效。

6. 要让第一段视频的特效对整段视频都有效果，需要拖动（请在图 6–2–39（a）中圈出）位置，延长时长，如图 6–2–39（b）所示。

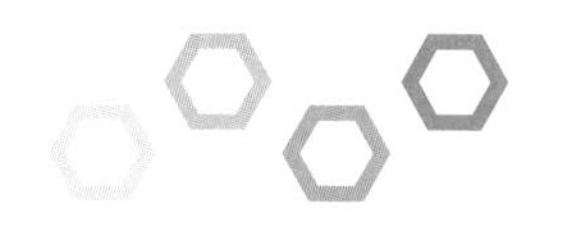



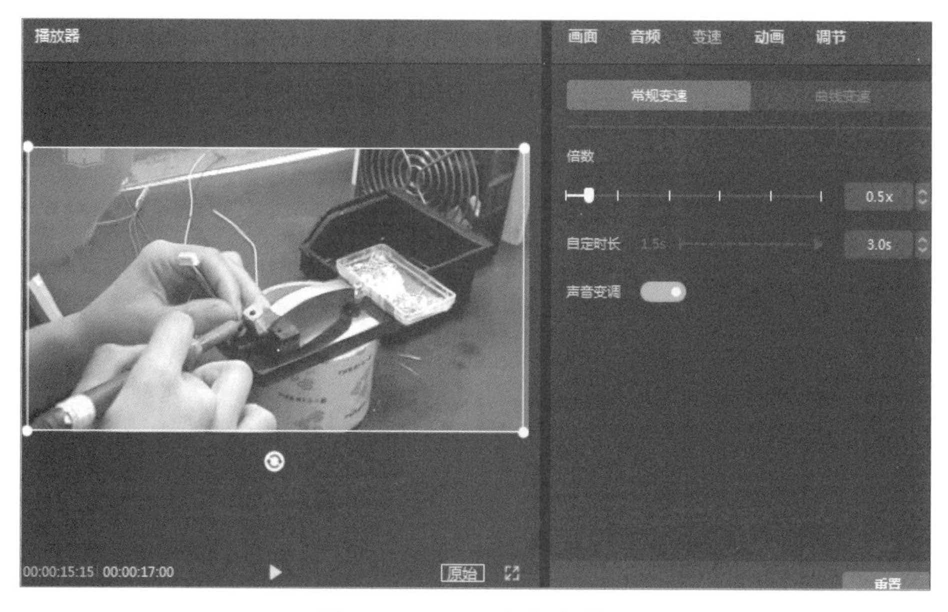


图 6-2-37　延长视频片段

图 6-2-38　视频特效设置

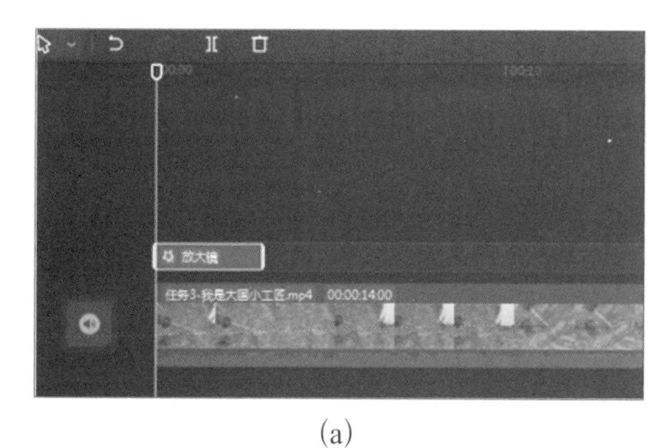


(a)

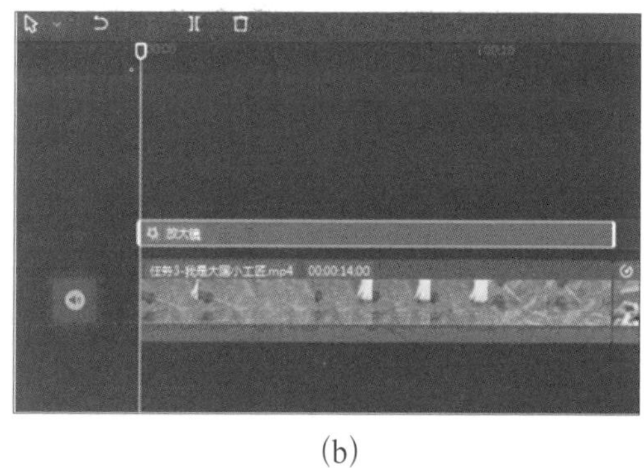


(b)

图 6-2-39　延长特效

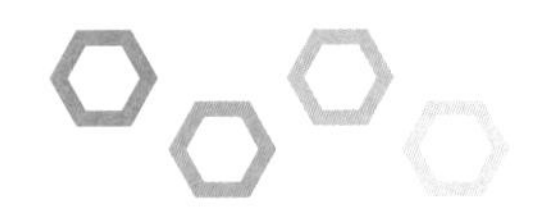

7. 去掉原有音频会让视频自然些，请在图 6-2-40（a）中圈出音频分离选项，并将分离后音频删除，如图 6-2-40（b）所示，最后导出视频。

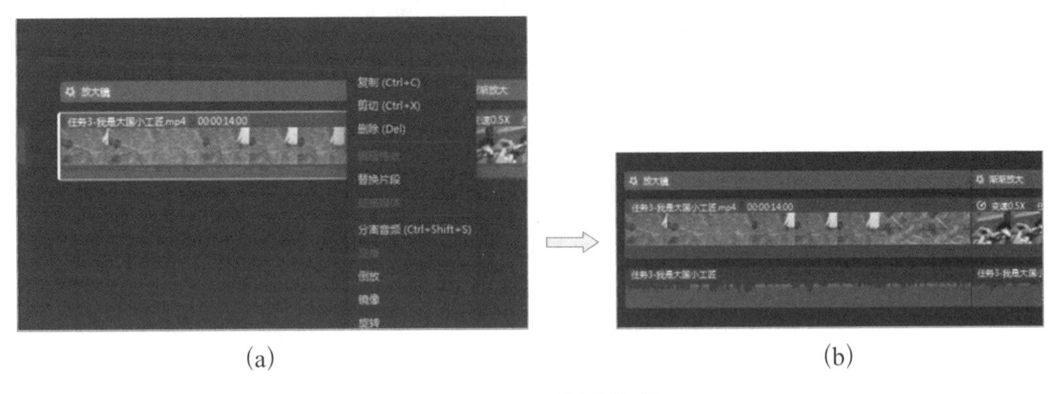


(a)　(b)

图 6-2-40　分离音频

**探一探**

利用“剪映”软件为上述实例添加特效和滤镜，并为文字添加动画效果。

## 6.3　设计演示文稿作品

**【学习目标】**

1. 了解数字媒体作品设计的基本规范。
2. 会集成数字媒体素材，制作简单的数字媒体作品。

（1）了解 WPS 演示的基本操作；

（2）掌握在 WPS 演示中插入文本、图像等媒体的方法；

（3）掌握在 WPS 演示中设置简单动画效果的方法；

（4）会使用 WPS 演示制作简单数字媒体作品。

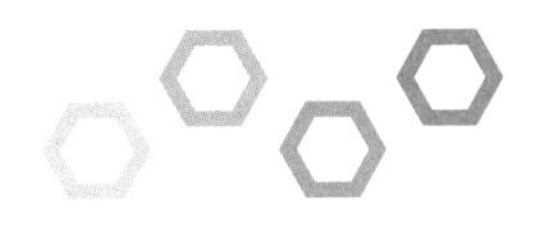



## 任务 1 构思演示文稿作品

### 练一练

一、单项选择题

1. (　　) 是作品中所表现的中心思想，是作者通过作品要表达的感情、说明的道理或展现的内涵。

A. 素材　　B. 主题

C. 内容　　D. 方法

2. 下列选项中不属于手机端制作数字媒体作品常用软件的是 (　　)。

A. 快手　　B. 美篇

C. 抖音　　D. 京东

3. 下列选项中不属于一个完整的演示文稿必须包含的部分的是 (　　)。

A. 封面页　　B. 目录页

C. 内容页　　D. 结束页

4. 下列选项中不属于计算机端制作数字媒体作品常用软件的是 (　　)。

A. Photoshop　　B. Dreamweaver

C. 会声会影　　D. Premiere

5. 图文并茂的演示文稿可以提升阅读体验，以下关于图片选择的描述中不正确的是 (　　)。

A. 图片内容与主题相匹配

B. 幻灯片中放置的图片越多越形象

C. 纵横比合适，避免拖拉变形

D. 清晰度足够，满足播放环境的需求

二、填空题

1. 清晰的________是制作一个优秀数字媒体作品的前提，而且能节省大量时间。

2. ________素材能够展现过程和环节，让精彩片段原景重现。

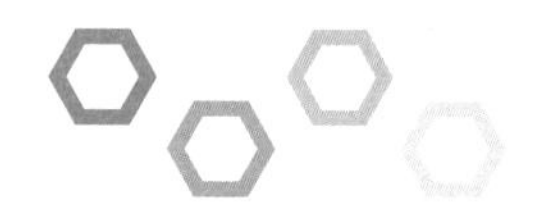

3. 一个完整的演示文稿至少包含________、________和________。

4. 幻灯片在布局时要将页面内的文字、图片或视频等根据主题和内容的需要进行________的排列组合，色彩搭配合理，创造和谐、________、________的视觉效果。

三、判断题（正确的打“√”，错误的打“×”）

（　　）1. 演示文稿由若干张幻灯片组成，每张幻灯片都由一些对象组成。

（　　）2. 不同类型的演示文稿功能、表现形式不同，设计思路也不同。

（　　）3. 一个完整的演示文稿必须有目录页、转场页和结束页。

（　　）4. 一张幻灯片就是一件数字媒体作品。

（　　）5. 演示文稿版面应简洁，不宜过满，要有一定的留白。

## 做一做

每年的农历五月初五是我国的传统节日——端午节。高老师希望同学们通过制作演示文稿能更好地展现端午节的民俗风情，增加对端午节的了解。

一、完整 WPS 演示作品

1. 图 6-3-1 是一份完整的端午节 WPS 演示作品，从这份作品中，你能

图 6-3-1　一份完整的端午节 WPS 演示文稿作品

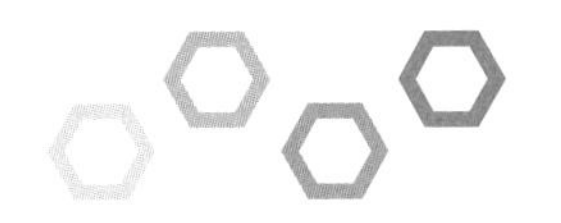



发现它包含哪几部分，请将编号填入图中方框内。

① 封面页，② 摘要页，③ 目录页，④ 转场页，⑤ 内容页，⑥ 总结页，⑦ 结束页。

2. 判断：一份完整的演示作品不一定要包含以上全部内容。(　　)

二、演示作品制作思路

1. 确定主题和内容。

要制作类似有关端午节的演示文稿作品，需要确定主题和内容各是什么，请完成图 6-3-2 的思维导图。

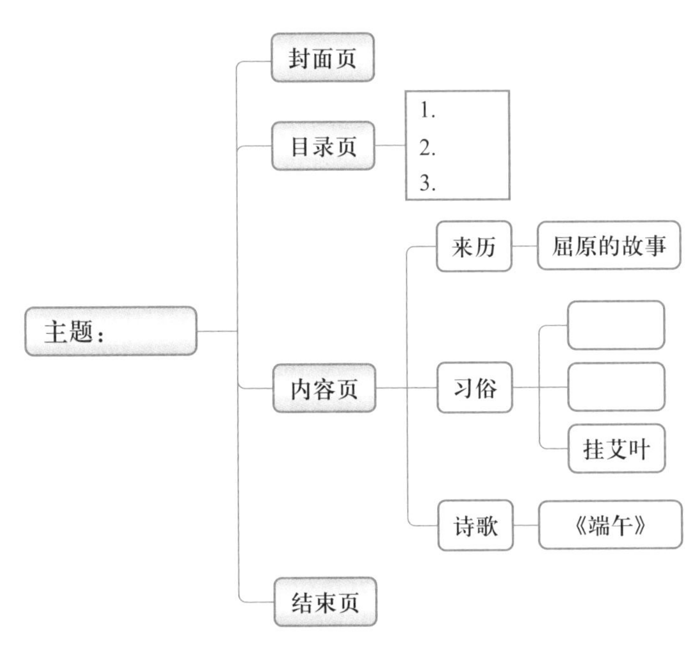


图 6-3-2　端午节 WPS 演示作品思维导图

2. 准备素材。

（1）根据上述主题和内容，搜集到图 6-3-3 所示素材，请将各素材与对应主题的幻灯片连线。

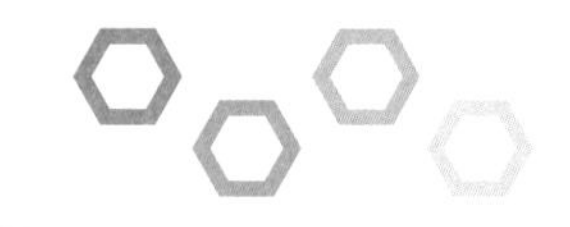

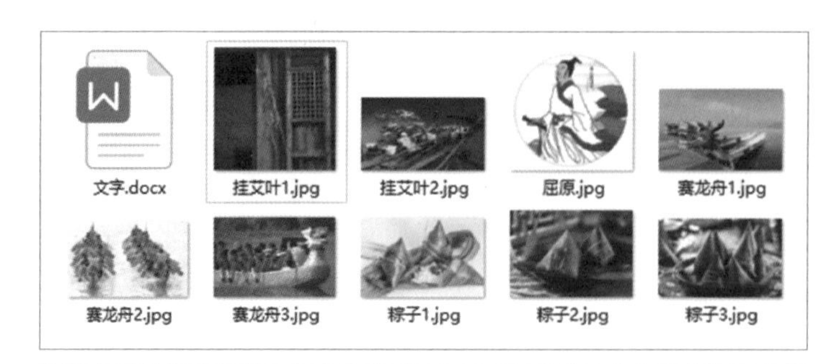


端午节又名端阳节、重午节，据传是中国古代伟大诗人、世界四大文化名人之一的屈原投汨罗江殉国的日子。两千多年来，每年的农历五月初五就成为了纪念屈原的传统节日。

以后，在每年的五月初五，就有了龙舟竞渡、吃粽子、喝 文本1 以此来纪念爱国诗人屈原。

端　午
唐 · 李隆基
端午临中夏，时清日 文本2
盐梅已佐鼎，曲糵且传
事古人留迹，年深缕积长。
当轩知槿茂，向水觉芦香。
亿兆同归寿，群公共保昌。
忠贞如不替，贻厥后昆芳。

图 6-3-3　端午节 WPS 演示作品素材

① 内容页 1：来历

② 内容页 2：赛龙舟

③ 内容页 3：吃粽子

④ 内容页 4：挂艾叶

⑤ 内容页 5：诗歌

文本 1

文本 2

挂艾叶 1.jpg

挂艾叶 2.jpg

屈原 .jpg

赛龙舟 1.jpg

赛龙舟 2.jpg

赛龙舟 3.jpg

粽子 1.jpg

粽子 2.jpg

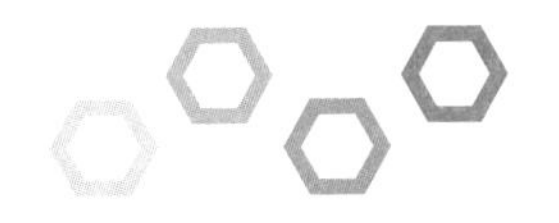



（2）准备其他页面文字，将右侧方框内的编号填入左侧对应横线上。

① 封面页 ________________

② 目录页 ________________

③ 结束页 ________________

| a. 端午节 | b. 谢谢大家 |
|---|---|
| c. 端午节的来历 | d. 端午节的习俗 |
| e. 端午节的诗歌 | f. 端午节的活动 |

探一探

构思“探秘海洋世界”主题的演示作品，完成相应构思思维导图及相关素材的搜索及准备。

## 任务2　制作基础版演示文稿

练一练

一、单项选择题

1. 下列选项中可以编辑单张幻灯片内容的是（　　）。

A. 幻灯片窗格　　B. 大纲窗格

C. 备注窗格　　D. 选择窗格

2. 使用者使用（　　），只需在相应的位置输入文字，更改里面的图片，即可完成演示文稿制作。

A. 模板　　B. 母版　　C. 主题　　D. 版式

3. 不管使用哪套主题，标题位置都会出现的文字是（　　）。

A. “单击此处添加标题”　　B. “单击此处添加副标题”

C. “编辑标题”　　D. “编辑主标题”

4. 下列选项中有关主题的描述，错误的是（　　）。

A. 一种设置规范的标准化模板

B. 输入提示都是统一的

C. 使用时需要先删除描述再输入

D. 文字会自动变化造型以吻合新的主题

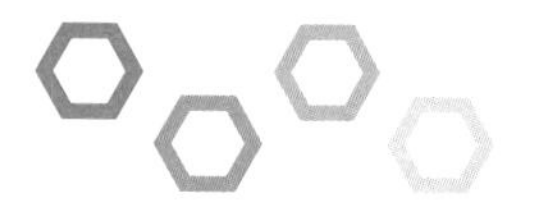

## 二、填空题

1. WPS 演示有普通视图、________、备注页视图和________。

2. 普通视图主要有三个窗格，分别是________、大纲窗格和________。

3. ________是演示文稿软件自带的一种设置规范的标准化模板。

4. 每一款主题结合自身风格，规定了相应的________和________。

## 三、判断题（正确的打“√”，错误的打“×”）

（　　）1. 在备注窗格中，可以添加备注文字。

（　　）2. 使用模板可以降低制作演示文稿的难度。

（　　）3. 主题也是一种模板。

（　　）4. 使用主题，输入内容，变换主题时，输入文字的格式不会自动变化。

（　　）5. 使用主题时，在模板上添加新的文本框、形状时，会与模板上原有内容高度匹配。

## 做一做

根据之前有关端午节演示作品内容的需求分析，制作基础版演示文稿，包含封面页、目录页、内容页、结束页。

### 一、新建、保存 WPS 演示文稿

1. 打开 WPS 演示，新建 WPS 演示文稿，请在图 6-3-4 中选择正确的界面。

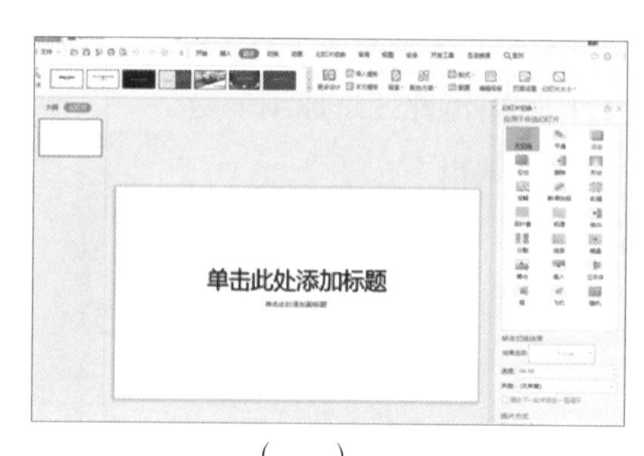


（　　）

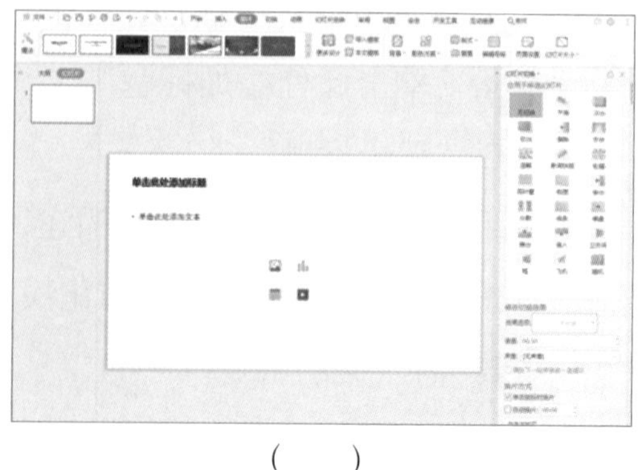


（　　）

图 6-3-4　新建 WPS 演示文稿

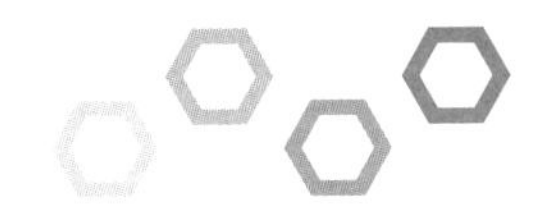



2. 以下哪些选项或按钮可以完成 WPS 演示文稿保存，请在图 6–3–5 中圈出。

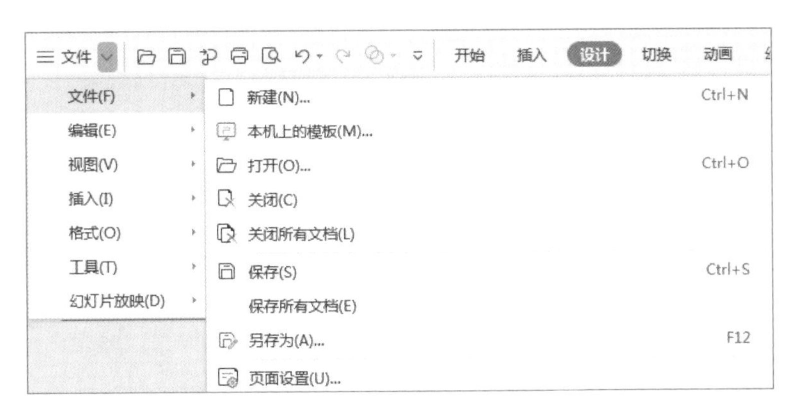


图 6–3–5　保存 WPS 演示文稿

## 二、制作封面页

1. 请将图 6–3–6 中的两行文字位置与模板用连线的方式将其对应。

图 6–3–6　输入封面页文字

2. 将图片导入到本张幻灯片，文字被覆盖，可采用什么方法解决，请在正确选项前打“√”。

(　　) 右击图片，选择“置于底层”命令。

(　　) 删掉图片，重新插入。

## 三、制作目录页

1. 目录页版式选择：图 6–3–7 中应选择的版式为________________。

2. 在图 6–3–8 目录页中，共有________个目录项，素材有文字和________。

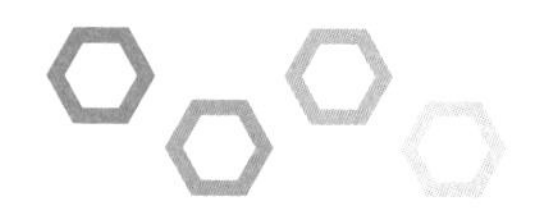

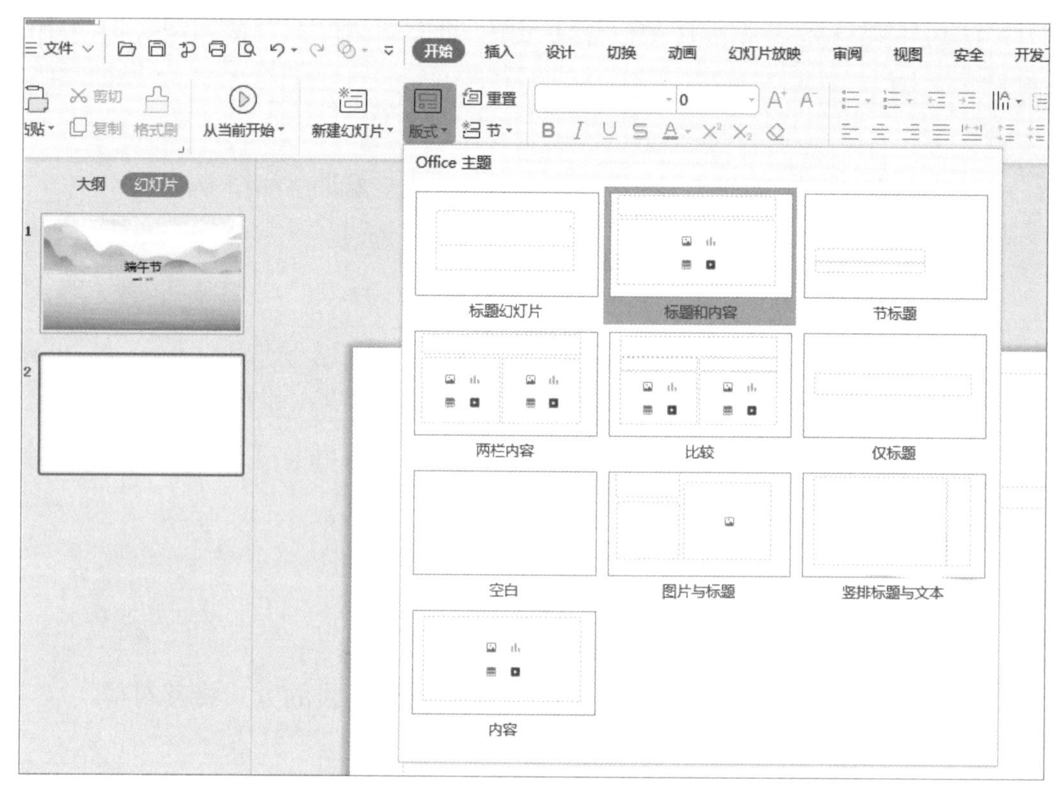


图 6-3-7　目录页版式选择

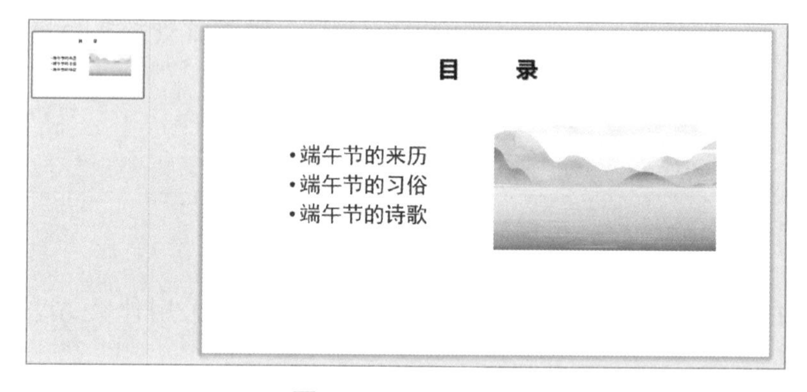


图 6-3-8　目录页

四、制作内容页

1. 内容页根据图 6-3-9 思维导图设计，至少包含________张幻灯片。

2. 在图 6-3-10 中圈出内容页，并观察图片与图片、图片与文字之间最明显的特点是（请选择：□对齐，□大小不一）。

3. 为让图片在调整大小的过程中不变形，可按住________键，再用鼠标拖曳调整，必要时可采用裁剪的方式，截掉图片的边缘部分。

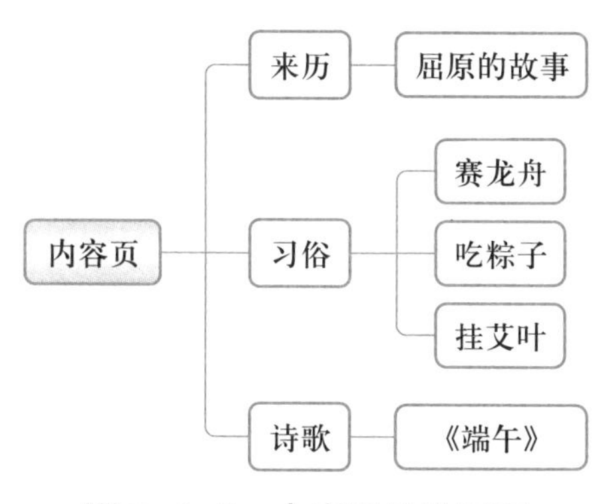


图 6-3-9 内容页思维导图

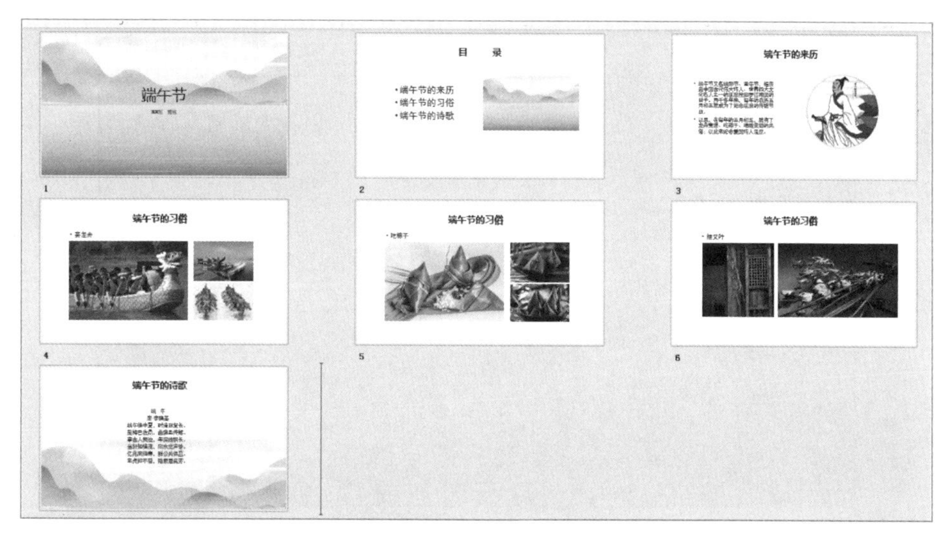


图 6-3-10 内容页

4. 请观察图 6-3-11 “端午节的诗歌”幻灯片，诗歌文字所使用的对齐方式是（请选择：□左对齐，□居中对齐，□右对齐），所使用的图片在

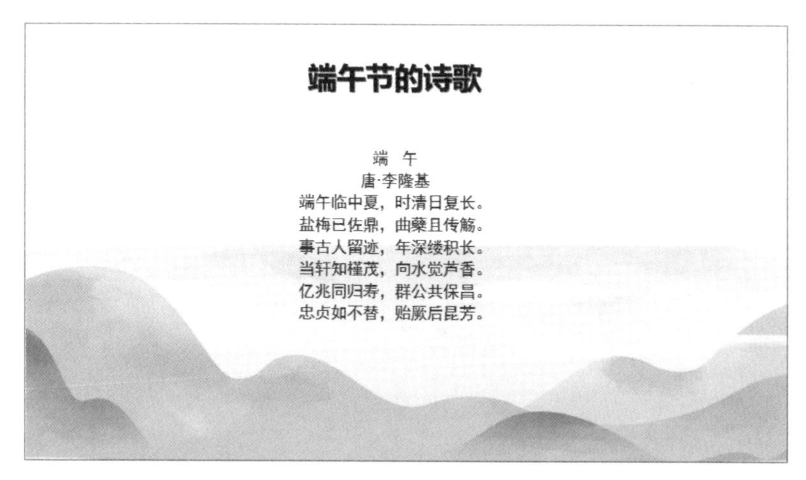


图 6-3-11 “端午节的诗歌”内容页

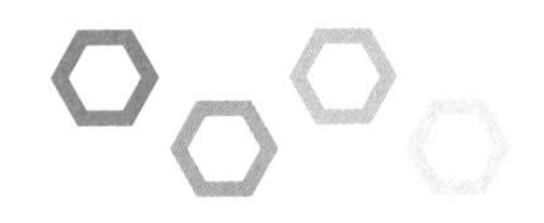

（请选择：□封面页，□目录页）出现过，图片进行了＿＿＿＿处理。

五、制作结束页

1. 将图6–3–12结束页与封面页对比，增加的操作是（　　）。

A. 删除副标题

B. 将主标题文字改成了“谢谢大家”

2. 以封面页为基础，制作结束页时，较为快捷的方式是（　　）。

A. 复制封面页，粘贴，修改文字即可

B. 新建幻灯片，输入文字，插入图片

图6–3–12　结束页

探一探

使用WPS模板制作端午节演示文稿，观察模板使用后文字、图像等内容的变化。

## 任务3　制作进阶版演示文稿

练一练

一、单项选择题

1. 下列选项中关于页面动画的描述不正确的是（　　）。

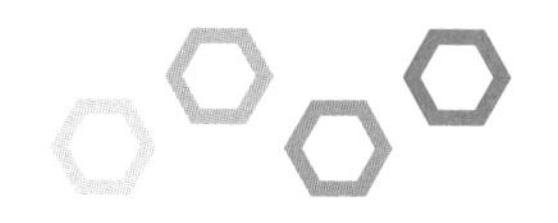



A. 为幻灯片页面上对象的动画效果

B. 为幻灯片间的过渡动画

C. 为对象添加的进入动画

D. 为对象添加的强调动画

2.（　　）可以在幻灯片放映时实现跳转。

A. 超链接　　B. 文本　　C. 动画　　D. 图形

3. 演示文稿能实现自动播放的功能是（　　）。

A. 从头开始　　B. 从当前开始

C. 自定义放映　　D. 排练计时

4. 下列选项中不在“幻灯片放映”选项卡内的是（　　）。

A. 从头开始　　B. 从当前开始

C. 自定义放映　　D. 排练计时

5. 下列功能可在普通视图右下角单击使用的是（　　）。

A. 从头开始　　B. 从当前开始

C. 自定义放映　　D. 排练计时

6. 下列方式创建的文件不能在未安装演示文稿软件的计算机中使用的是（　　）。

A. 创建 PDF 文档　　B. 创建视频

C. 将演示文稿打包成 CD　　D. 创建 PPTX 文档

二、填空题

1. 页面动画有________、强调动画、________及其他动作路径。

2. 换片动画是指从一张幻灯片到另一张幻灯片，中间出现的________动画。

3. 幻灯片放映时，可使用________勾画重点。

三、判断题（正确的打“√”，错误的打“×”）

（　　）1. 演示文稿动画有页面动画和换片动画。

（　　）2. 一般情况下，幻灯片在放映时都是按幻灯片的顺序来进行放映的。

（　　）3. 超链接可以实现幻灯片放映时链接到演示文稿以外的文件。

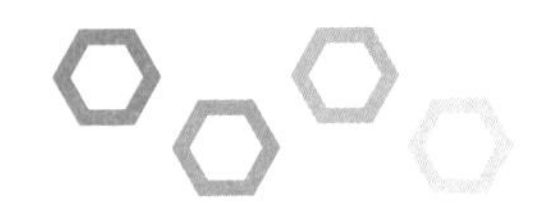

（　　）4. 只有动作按钮可以建立超链接。

（　　）5. 建立了超链接的演示文稿不能按幻灯片的顺序放映。

## 做一做

在基础版演示文稿的基础上，使用母版，添加换片动画、页面动画等，美化页面，进行放映设置，制作进阶版的演示文稿。

### 一、统一版式，确定整体风格

1. 给第 2～第 7 张幻灯片页面加一个绿色边框，最便捷的做法是（　　）。

A. 为每张幻灯片逐一加绿色边框

B. 使用幻灯片母版，为该版式添加绿色边框即可

2. 为统一添加绿色边框，请在图 6-3-13 中圈出需要单击的位置。

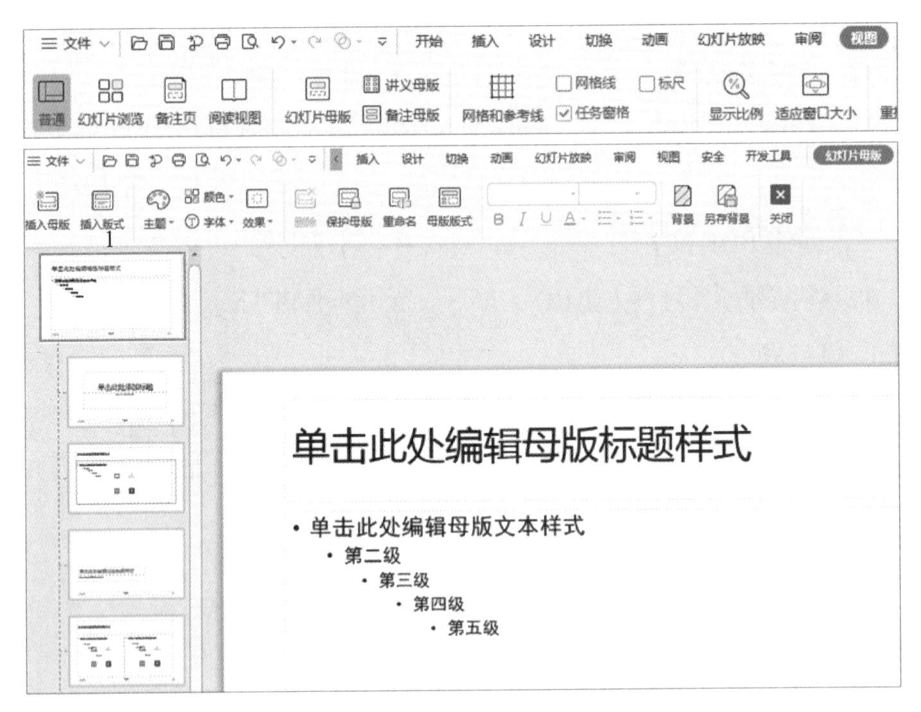


图 6-3-13　母版设置

### 二、添加页面动画

1. 图 6-3-14 中页面动画类型总共________种。

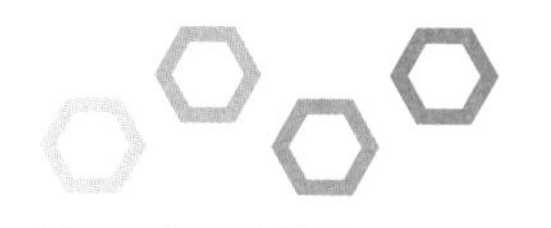

图 6-3-14　页面动画设置界面

2. 图 6-3-15 中页面文字所使用的动画类型是（请选择：□进入动画　□强调动画　□退出动画　□动作路径），动画名是________，开始方式是________，速度是________。

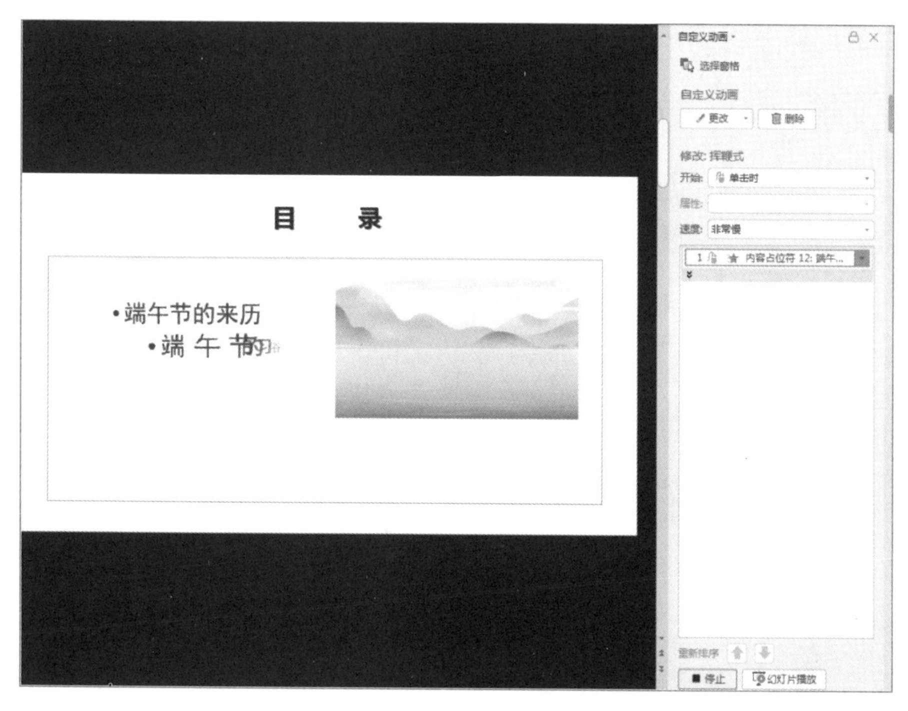


图 6-3-15　文字动画设置界面

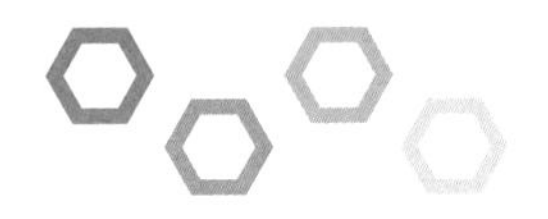

3. 要设置挥鞭式动画效果，使文字逐字出现，请在图 6-3-16 中选择正确的设置方式。

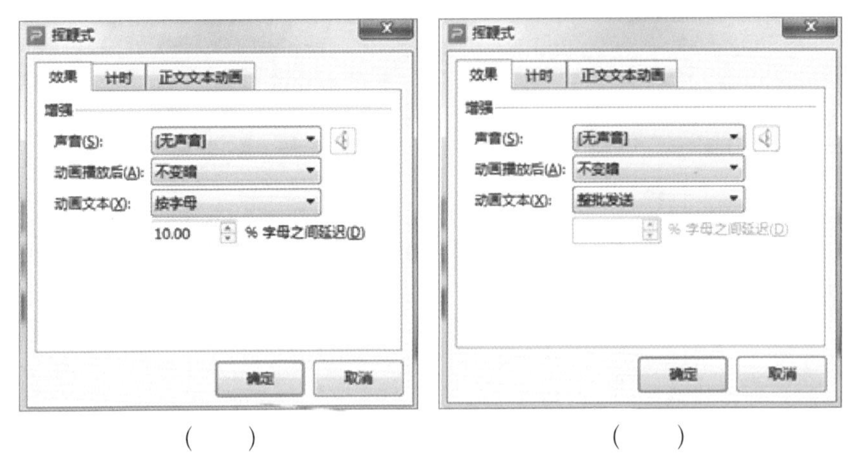


（　　）　　　　（　　）

图 6-3-16　文字逐字出现动画设置界面

4. 为第 2~第 7 张幻灯片中的文字添加进入动画，为图片添加强调动画，动画方式自定。

5. 图 6-3-17 中页面图片所使用的动画类型是（请选择：□进入动画　□强调动画　□退出动画　□动作路径），动画名是________，开始方式是________，速度是________，该动画播放次数是________次。

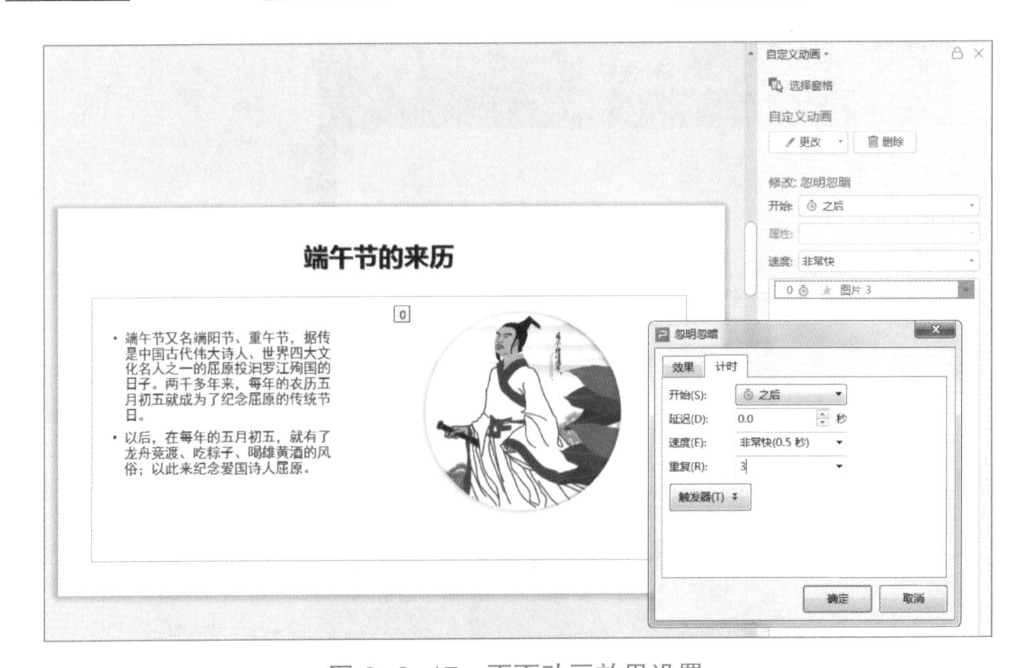


图 6-3-17　页面动画效果设置

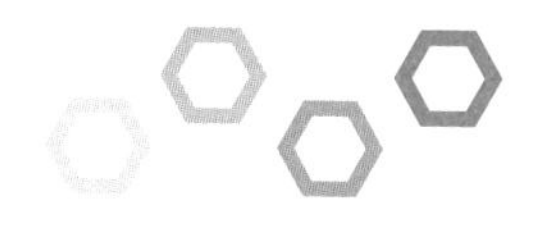



三、美化页面

1. 比较图 6-3-18 中的两幅图片，修改的操作有（　　）。

A. 标题文字填充了渐变色

B. “挂艾叶”文本框和文字都进行了设置

C. 图片的位置进行了调整

D. 图片添加了阴影

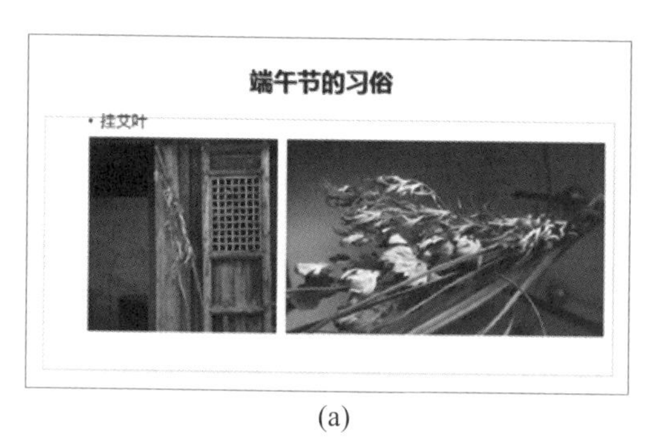


(a)

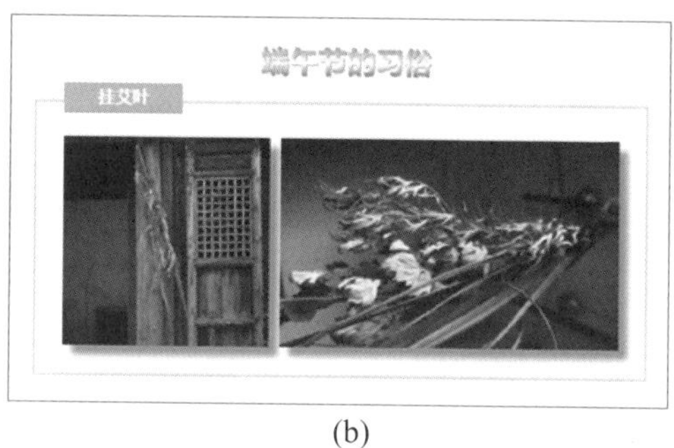


(b)

图 6-3-18　页面美化

2. 比较图 6-3-19 的两幅封面图，修改的操作有（　　）。

A. 更换了标题字体，设置了文字阴影、边框等

B. 添加了竹子、祥云图像

C. 副标题文字字号、位置进行了调整

(a)

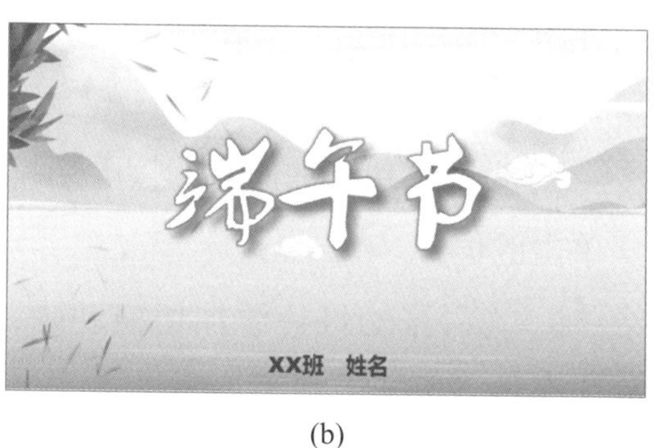


(b)

图 6-3-19　封面页美化

3. 结束页面的设置可参照封面页，形成前后呼应。

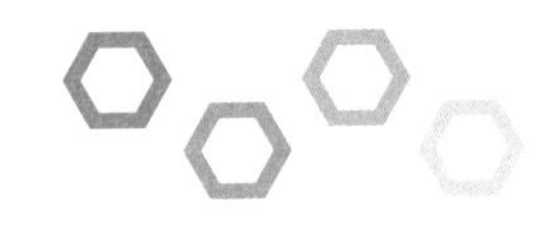

## 四、设置页面跳转

1. 在幻灯片放映时实现跨页面跳转，如由目录页直接跳转到诗歌页面，可为目录“端午节的诗歌”插入超链接，选择“本文档中的位置”后，请在图6-3-20中圈出需选择的幻灯片。

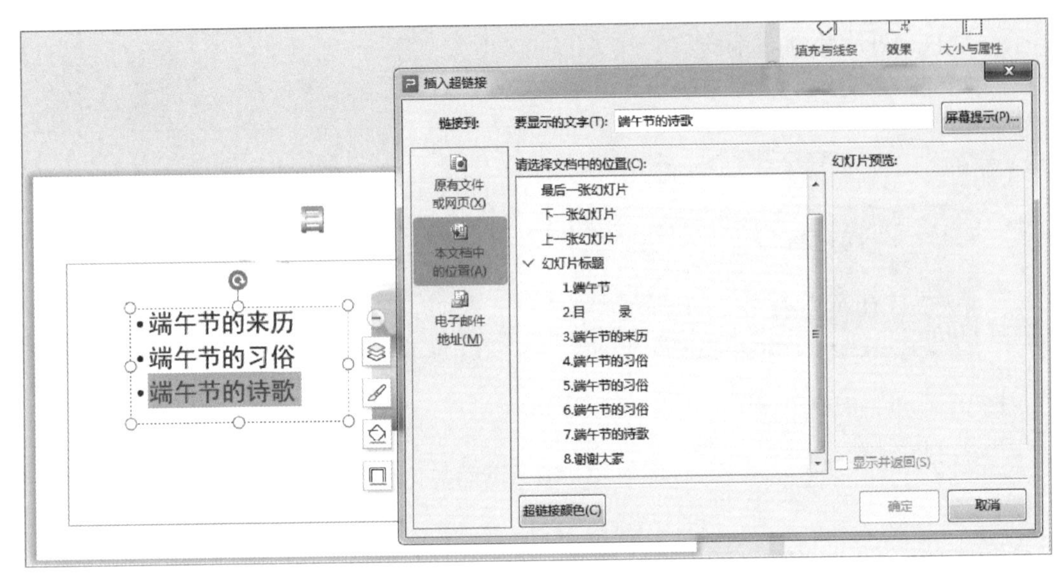


图6-3-20　超链接设置

2. 由诗歌页面再跳转回目录页时，可在该页面中加入动作按钮，如图6-3-21（a）所示，选择第一个按钮后，弹出图6-3-21（b）所示对话框，请在图中圈出设置的位置。

## 五、添加切换动画

1. 为幻灯片添加向右的擦除切换动画，请在图6-3-22中圈出添加时需要单击的位置。

2. 为每张幻灯片添加切换动画，注意：同一类型的页面，切换动画最好能保持一致，做到统一。

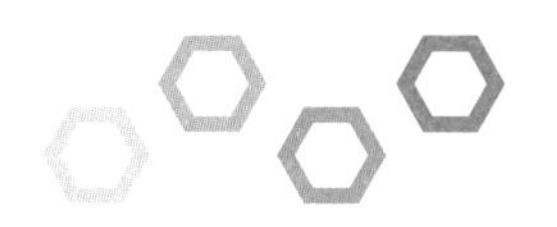



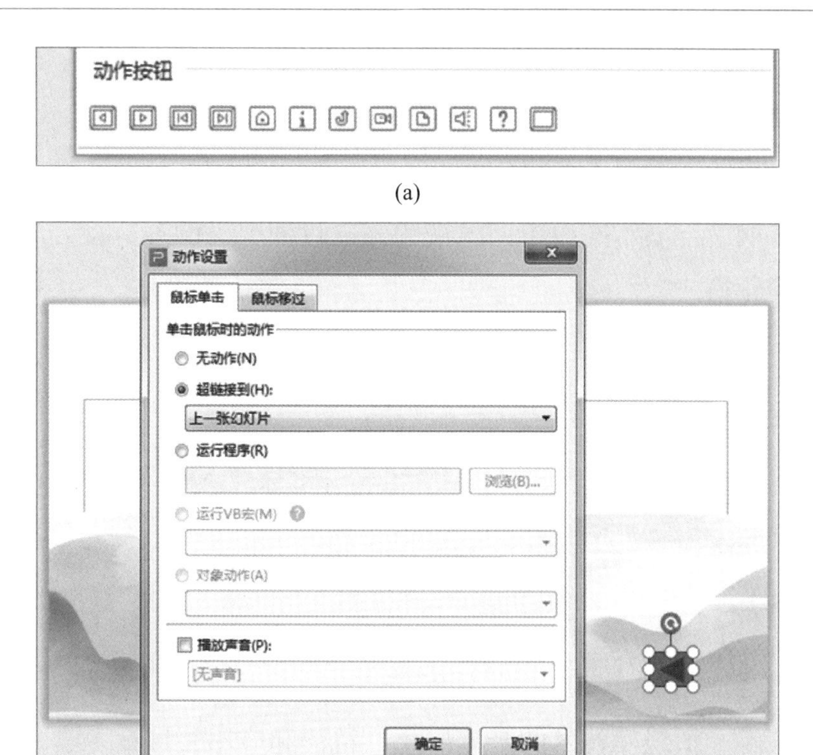


(a)

(b)

图 6-3-21 动作按钮设置

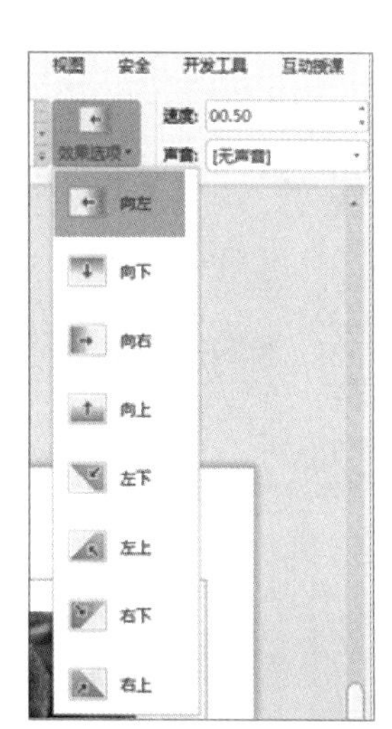


图 6-3-22 切换动画设置

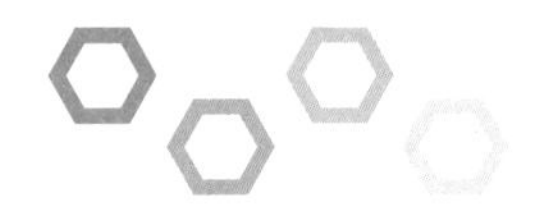

**探一探**

在“清明节”演示文稿中插入视频并进行裁剪等设置，将完成的演示文稿导出为视频格式。

## 6.4　初识虚拟现实与增强现实

**【学习目标】**

1. 初步了解虚拟现实与增强现实技术。

（1）了解虚拟现实技术的基本概念、特征和应用领域；

（2）了解增强现实技术的概念和应用领域。

2. 会使用虚拟现实与增强现实技术工具，体验应用效果。

（1）会使用虚拟现实和增强现实技术工具；

（2）体验虚拟现实和增强现实技术。

### 任务 1　了解虚拟现实技术

**练一练**

一、单项选择题

1. 下列选项中关于虚拟现实描述不正确的是（　　）。

A. 用自然技能与虚拟环境交互

B. 获得直观又自然的实时感知

C. 无须专用设备

D. 产生身临其境的体验

2. 下列选项中不属于虚拟现实技术主要特征的是（　　）。

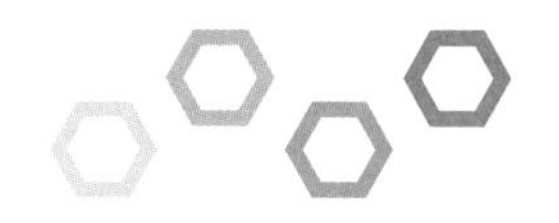



A. 沉浸性　　　　B. 交互性

C. 想象性　　　　D. 体验性

3. 虚拟现实技术包含的四大要素是模拟环境、自然技能、专用设备和（　　）。

A. 感知　　　　B. 感觉

C. 感官　　　　D. 感受

4. 虚拟现实必须具备一些人类所具有的感知是为了实现（　　）特征。

A. 沉浸　　　　B. 感知

C. 交互　　　　D. 想象

5. 学校的 VR 体验馆属于（　　）应用。

A. 游戏领域　　　　B. 教育领域

C. 军事领域　　　　D. 医疗领域

二、填空题

1. ________是以计算机为核心的多种相关技术共同创造的看似真实的模拟环境。

2. 虚拟现实技术创造一种________环境，向用户提供________、听觉、________、味觉和嗅觉等感知功能。

3. ________是指用户在真实世界中常用的自然技能。

三、判断题（正确的打“√”，错误的打“×”）

（　　）1. 虚拟现实技术是人类和计算机之间进行复杂数据交互的技术。

（　　）2. 模拟环境要集视觉、听觉和触觉等高度仿真感受于一体，是某一特定现实世界的模拟。

（　　）3. 对于所构造的物体而言，虚拟环境是真实存在的。

（　　）4. 虚拟现实技术在数据和模型的可视化、工程设计、城市规划等领域都有应用。

（　　）5. 玩家佩戴眼镜和手套能沉浸在游戏场景中，得到更真实的交互体验。

（　　）6. 医生借助虚拟现实技术进行手术模拟训练，且可多次重复操作。

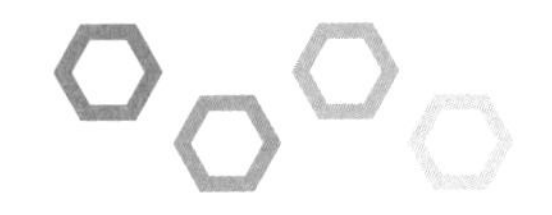

## 做一做

北京故宫博物院建立于 1925 年，是在明朝、清朝两代皇宫及其收藏的基础上建立起来的综合性博物馆，是中国的传统文化宝库。信息技术老师将带领同学们看一看故宫的建筑，看一看明清宫廷历史的鲜活档案。

### 一、浏览故宫建筑资料

通过网络浏览有关故宫的图片、视频等资料，如图 6-4-1 所示。

图 6-4-1　故宫建筑资料

### 二、用全景方式浏览故宫

1. 打开故宫网站，在底部导航栏中找到“全景故宫”，并在图 6-4-2 中圈出。

2. 进入“全景故宫”，如图 6-4-3 所示，请将下列编号标注在图中的相应位置。

① 全屏，② 地图，③ 点赞，④ 音乐，⑤ 分享，⑥ 介绍，⑦ 自动旋转。

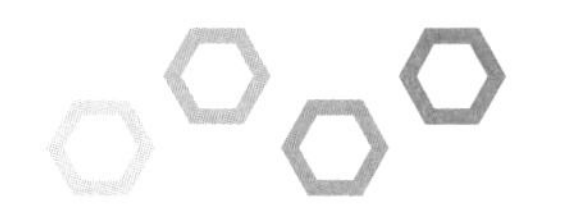

图 6-4-2 “全景故宫”导航

图 6-4-3 “全景故宫”界面

3. 图 6-4-4 是单击“地图”按钮后的效果，上面显示的文字部分是否可以单击交互？（请选择：□是□否）

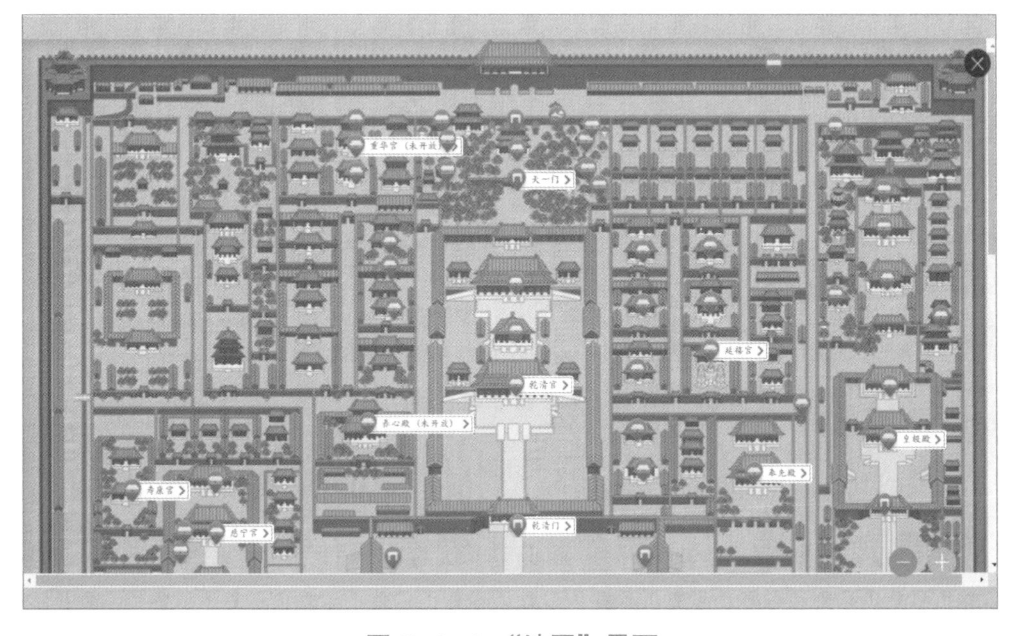


图 6-4-4 “地图”界面

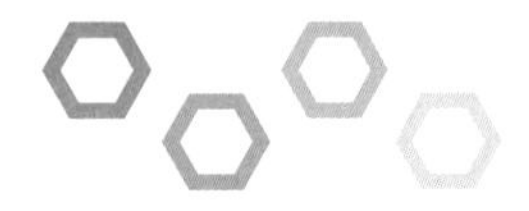

4. 单击文字“乾清宫”，跳转至图 6-4-5 所示画面，若要转换为 360° 视角参观，在正确方法前打“√”。

(　　) 通过鼠标往一个方向拖动，旋转画面。

(　　) 单击画面中的“自动旋转”按钮，浏览。

图 6-4-5　某一宫殿

5. 单击上一题画面中的“乾清宫东南角”，随后出现的画面是______（从图 6-4-6 中选出正确的编号，填入横线）。

①

②

图 6-4-6　“全景故宫”某宫殿一角

6. 通过体验全景浏览，其体验感与搜索故宫相关资料相比，你更喜欢哪种方式？

______________________________

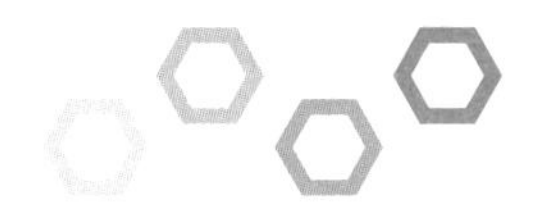



## 探一探

1. 在底部导航栏中，还有一项“V 故宫”，单击之后出现图 6-4-7 所示画面，单击“使用说明”出现如何利用设备进行 VR 体验，请完成体验。

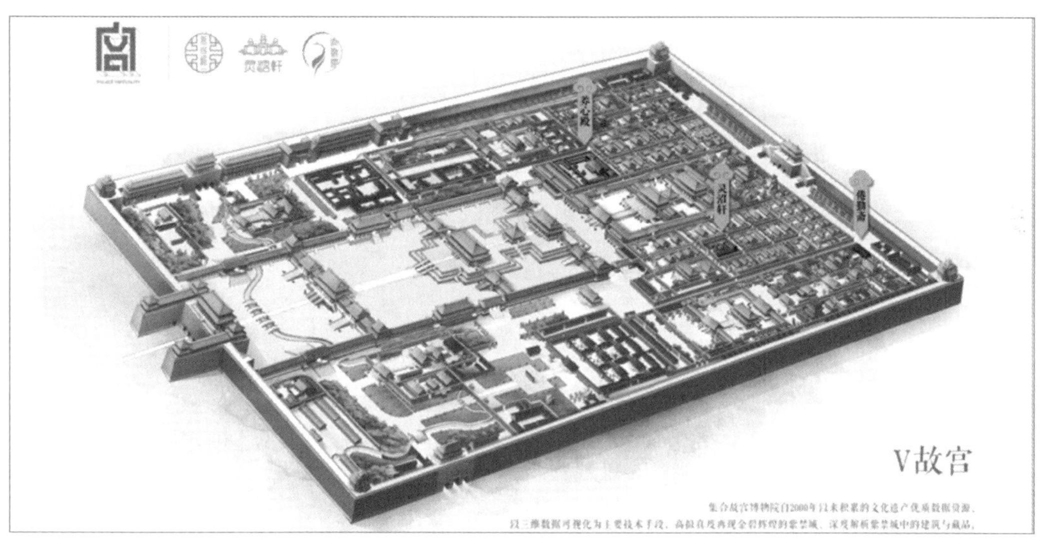


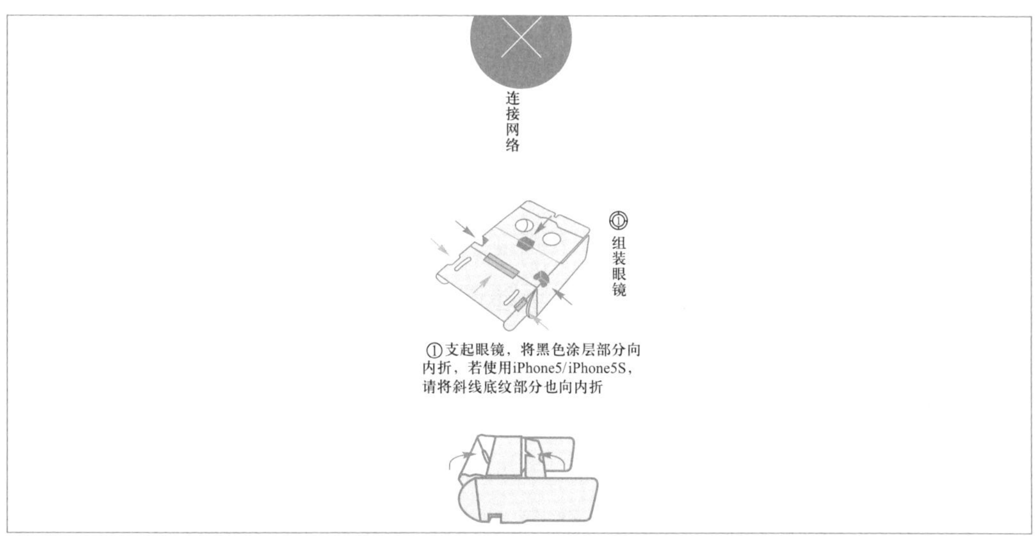


图 6-4-7　“V 故宫”界面

2. 到科技馆等场所，实地体验 VR 技术。

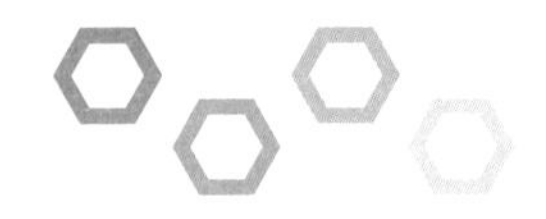

## 任务 2　了解增强现实技术

### 练一练

一、单项选择题

1. 增强现实的简称是（　　）。

A. VR　　B. AR　　C. CR　　D. TR

2. 下列选项中不属于增强现实突出特点的是（　　）。

A. 实现现实世界和虚拟世界的信息集成

B. 虚拟世界极具想象性

C. 具有实时交互性

D. 在三维空间中增添定位虚拟物体

3. 为兵马俑添加“兵器”重现士兵们的作战状态，是增强现实技术在（　　）领域的运用。

A. 文化　　B. 教育　　C. 旅游　　D. 工业科技

4. 为旅游景点进行标注，是增强现实技术在（　　）领域的运用。

A. 文化　　B. 教育　　C. 旅游　　D. 工业科技

5. 下列选项中表示增强现实技术在旅游领域运用的是（　　）。

A. 人们通过增强现实技术接收途经建筑的相关资料

B. 运用增强现实技术数字化重建历史遗迹

C. 将增强现实技术应用于博物馆展览

D. 将增强现实技术应用于学校教学

二、填空题

1. 增强现实是把虚拟信息融合在________中，两种信息互为补充，实现对真实世界的________。

2. AR 技术把计算机虚拟的事物带入到用户的“世界”，强调通过________来增强用户对现实世界的感觉。

3. 增强现实技术运用在博物馆展览，将被动式的参观转变为________

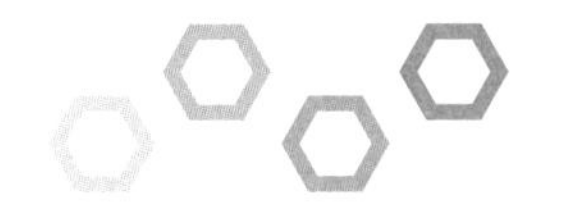


参观。

三、判断题（正确的打“√”，错误的打“×”）

（　　）1. VR 技术的出现源于 AR 技术的发展。

（　　）2. 增强现实技术是用虚拟世界代替了真实世界。

（　　）3. 增强现实技术是一种将虚拟信息与真实世界巧妙融合的技术。

## 做一做

当我们需要测量长度，又没有工具时，用怎样的方式来解决呢？当我们参观浏览某个景点，想有针对性地记录景点名称，又怎么解决呢？有了 AR 技术，用手机就可以实现。

一、“AR 尺子”APP

将以下编号标注在图 6-4-8 中。

① 添加测量点，

② 设置测量单位，

③ 完成测量，

④ 重新测量，

⑤ 显示定位点。

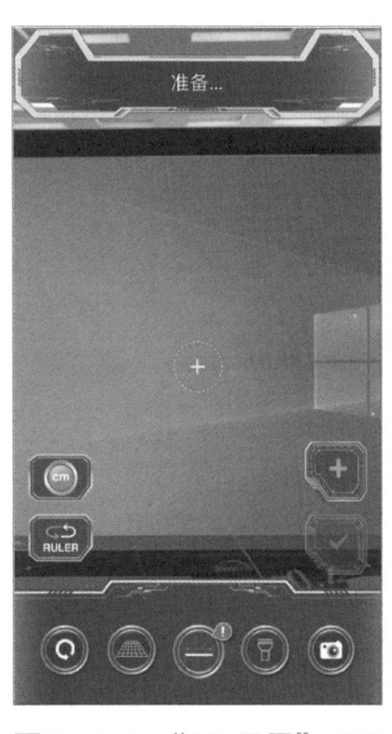

图 6-4-8 “AR 尺子”APP

二、用“AR 尺子”测量计算机屏幕尺寸

1. 要测量计算机屏幕对角线，如图 6-4-9 所示，需要进行以下操作，请按操作顺序编号。

（　　）将加号对准屏幕左上角

（　　）测量计算机屏幕对角线

（　　）往右下方移动设备

（　　）点击 APP 中的加号，确认测量起点

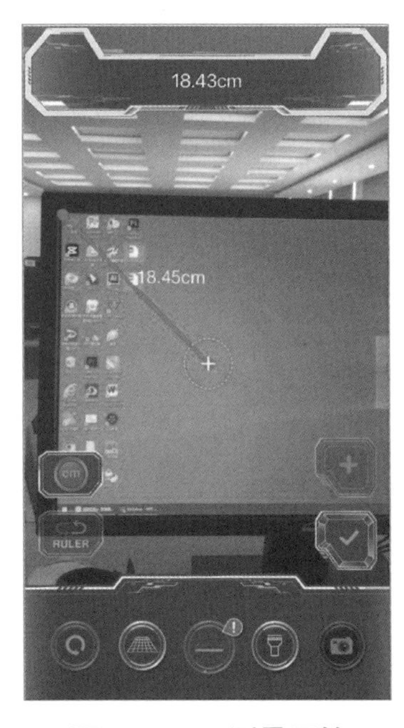

图 6-4-9 测量开始

2. 移动设备将 APP 中的加号对准计算机屏幕右下角，点击“√”按钮确认，图 6-4-10 显

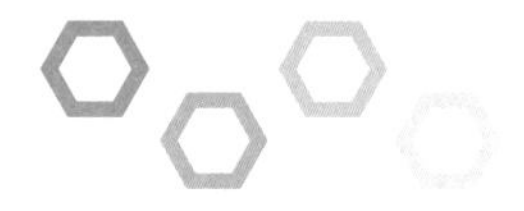

示计算机屏幕对角线尺寸是________cm。

3. 使用同种方式，测量计算机屏幕外围对角线尺寸是________cm，如图 6-4-11 所示，与图 6-4-10 相比，APP 界面上多了________。

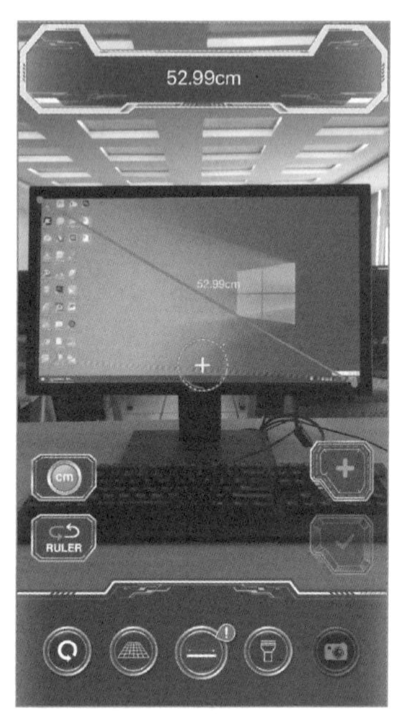


图 6-4-10　定位测量终点

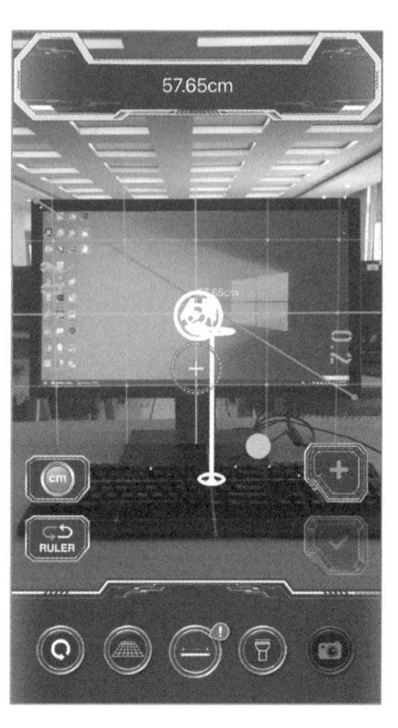


图 6-4-11　测量计算机屏幕外圈对角线长

## 探一探

使用其他 AR 软件，如神奇 AR、幻视，体验 AR 技术，如图 6-4-12 所示。

图 6-4-12　“神奇 AR”和“幻视”APP

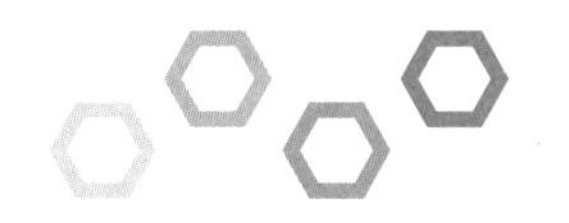


# 单 元 测 验

## 一、单项选择题

1. 在多媒体计算机中常用的图像输入设备有（　　）。

① 数码照相机　② 彩色扫描仪　③ 视频信号数字化仪　④ 彩色摄像机

A. ①　　B. ①②　　C. ①②③　　D. 全部

2. 小明在一本彩色杂志上看到一张很有意境的风景图片，他想用来做多媒体素材，他可以采用的方法是（　　）。

A. 裁剪　　B. 截屏　　C. 拍摄　　D. 扫描

3. 使用文字处理软件可更快捷和有效地对文本信息进行加工处理，下列选项中属于文本加工软件的是（　　）。

A. Photoshop　　B. Word

C. WPS 演示　　D. IE 浏览器

4. 声音的数字化过程不包括（　　）。

A. 解码　　B. 采样　　C. 编码　　D. 量化

5. 在 Photoshop 中，作为 RGB 颜色模式基本颜色的是（　　）。

A. 红、绿、黄　　B. 绿、蓝、紫

C. 蓝、红、橙　　D. 红、绿、蓝

6. Photoshop 专用的源文件格式是（　　）。

A. TIF　　B. TGA　　C. GIF　　D. PSD

7. 在 Photoshop 中，文字应用了效果后，下列描述正确的是（　　）。

A. 不可以修改　　B. 只能修改文字效果

C. 只能修改文字内容　　D. 都可以修改

8. 下列选项中不属于"变换"选区操作的是（　　）。

A. 缩放　　B. 斜切　　C. 扭曲　　D. 渲染

9. 下列选项中关于 WPS 演示的描述错误的是（　　）。

A. 可以插入动画　　B. 可以插入表格

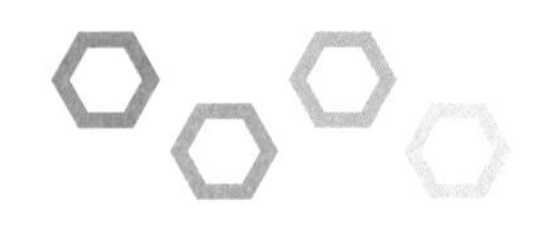

C. 可以插入录制的声音　　D. 可以生成扩展名为 .xlsx 的文件

10. 下列选项中关于 WPS 演示中超链接的描述正确的是（　　）。

A. 不能链接到电子邮箱

B. 在图片上不能建立超链接

C. 已建立的超链接，既可以修改也可以删除

D. 在文字上不能建立超链接

11. 在 WPS 演示中给文字或图片添加动画效果时，应单击“幻灯片放映”选项卡中的（　　）。

A. 动作设置　　B. 幻灯片切换

C. 动作按钮　　D. 自定义动画

12. 要改变幻灯片的大小和方向，应选择“文件”菜单中的命令是（　　）。

A. 保存　　B. 关闭　　C. 格式　　D. 页面设置

13. 在 WPS 演示中，不可以在“字体”对话框中设置的是（　　）。

A. 文字颜色　　B. 文字字体

C. 对齐方式　　D. 文字大小

14. 在 WPS 演示中，通过修改（　　）可以将所有幻灯片的背景色、字体格式等外观做统一调整。

A. 替换　　B. 大纲视图

C. 幻灯片母版　　D. 页脚页眉

二、填空题

1. 通过手机拍摄得到的照片格式一般是________，视频格式一般是________。

2. 数字音频的常用格式有__________、__________、__________（列举三种）。

3. 在 Photoshop 中，________工具可以选取色彩单一或一致的不规则图像区域。

4. 在 WPS 中，能做演示文稿的是________。

5. 虚拟现实技术的三大特性：________、________、________。

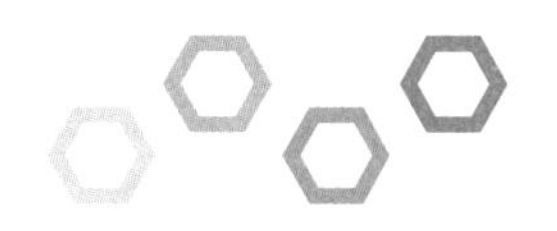



三、判断题（正确的打“√”，错误的打“×”）

（　　）1. 计算机可以直接对声音信号进行处理。

（　　）2. 音频数字化的三个阶段是采样、量化、编码。

（　　）3. PSD、BMP、JPEG 图像格式都是位图格式。

（　　）4. Photoshop 是目前应用最广泛的位图图像处理软件之一。

（　　）5. Photoshop 同一层中可以实现多个对象的运动动作，不会相互干扰。

（　　）6. 图层就像是一组可以绘制、存放图像的透明电子画布。

（　　）7. 电影《侏罗纪公园》中运用了三维数字动画。

（　　）8. WPS 演示中，不能设置对象出现的先后次序。

（　　）9. 虚拟现实常用的建模工具有 3ds Max、Maya。

（　　）10. AR 能够实现真实环境和虚拟物体在同一空间的叠加。

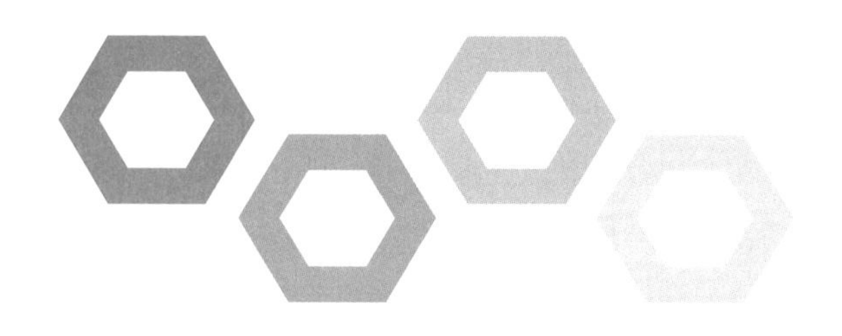

# 第 7 单元　信息安全基础

## 单元目标

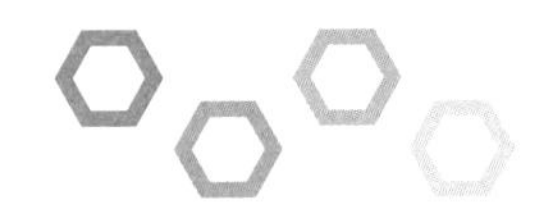

# 7.1　了解信息安全常识

【学习目标】

1. 了解信息安全基础知识与现状，列举信息安全面临的威胁。

（1）了解信息安全基础知识；

（2）了解国内外信息安全形势；

（3）了解有代表性的信息安全事件；

（4）了解信息安全面临的具体威胁。

2. 了解信息安全相关的法律、政策法规，具备信息安全和隐私保护意识。

（1）了解《全国人民代表大会常务委员会关于维护互联网安全的决定》《中华人民共和国网络安全法》《中华人民共和国计算机信息系统安全保护条例》等信息安全相关法律、法规；

（2）了解代表性安全事件及适用的法律法规。

## 任务 1　初识信息安全

练一练

一、单项选择题

1. 近期，李先生收到一条陌生号码发来的消息，称其网上购买的图书出现异常，要求缴纳保险费用、保证金等，显然李先生的信息遭到了泄露。造成信息泄露的原因可能是（　　）。

A. 使用卖家发送的链接进行购物

B. 付款的银行卡预留了自己的手机号码

C. 使用自己的手机号码开通微信、支付宝支付

D. 使用网银支付，输入手机接收到的验证码

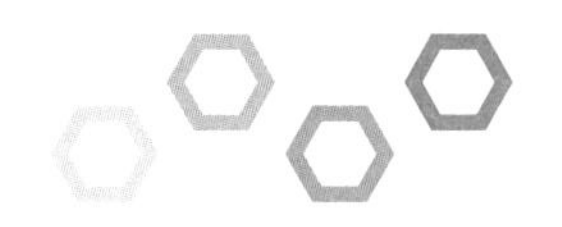



2. 在线购物、与朋友聊天、在线学习、网络协作办公等活动中都可能存在的隐患是（　　）。

A. 数据安全　　B. 信息安全

C. 社会安全　　D. 经济安全

3. 下列行为中，可能危害信息安全的是（　　）。

① 播放录制的微课

② 删除系统文件

③ 扫描陌生人的二维码

④ 安装杀毒软件

A. ①②③　　B. ②③④　　C. ①②　　D. ②③

4. 保护信息的（　　）就是保护信息系统或信息网络中的信息资源免受各种类型的威胁。

A. 安全性　　B. 完整性

C. 保密性　　D. 可用性

5. 下列行为中存在信息安全隐患的是（　　）。

A. 安装并开启防火墙

B. 安装正版杀毒软件并及时升级

C. 随意连接公共场合的免密 WiFi

D. 及时安装计算机操作系统的补丁程序

二、填空题

1. 信息安全是保障信息系统的硬件、________及相关数据不被破坏、更改及泄露，保证信息系统能够连续、可靠、正常地运行。

2. 信息的安全性是要保护信息系统或信息网络中的信息资源免受各种类型的________、干扰和破坏。

3. 可控性是指能够对网络系统中传播的信息及其内容进行有效的________和管理。

4. ________是指通信双方在信息交互过程中，确信参与者本身，以及参与者所提供信息的真实同一性。

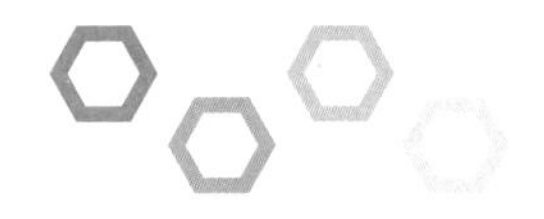

三、判断题（正确的打“√”，错误的打“×”）

（　　）1. 信息安全的完整性是指信息在存储或传输过程中保证不被篡改、不被破坏、不延迟和不丢失的特性，这是最基本的安全特征。

（　　）2. 信息安全的不可否认性是指严密控制各个可能泄密的环节，使信息在产生、传输、处理和存储的各个环节不泄露给非授权的实体或个人。

（　　）3. 保证运行系统安全、系统信息安全和网络社会的整体安全是信息化社会国家安全的基石。

## 做一做

随着信息技术的不断发展，信息安全问题也日显突出，如何确保信息系统的安全已成为全社会关注的问题。国际上对于信息安全的研究起步较早，投入力度大，已取得了许多成果，并得以推广应用。

1. 请你结合小剧场话题展开讨论，并填写表 7-1-1。

表 7-1-1　信息安全行为

| 影响信息安全的行为 | 保护信息安全的方式 |
|---|---|
| 手机号码挂失 | |
| 银行卡挂失 | |
| 打客服电话 | |
| ______________<br>（提示：手机通讯录信息） | |
| ______________<br>（提示：手机短信信息） | |
| ______________<br>（提示：手机支付信息） | |
| ______________<br>（提示：微信） | |
| | |
| | |

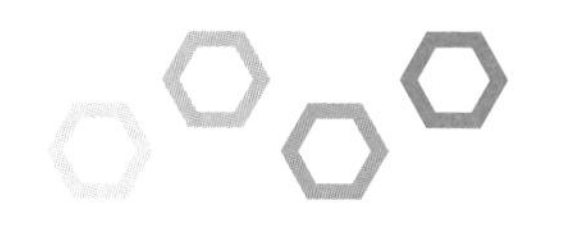



2. 信息安全指保持信息的保密性、完整性、可用性、可控性及不可否认性等。请根据以下案例描述进行连线，选择对应的信息安全属性。

A 案例：小信在使用网络传输重要信息给小明时，进行了加密传输，小明接收到信息后解密进行查看。

B 案例：小信使用手机聊天工具发送定位给小明，小明成功通过定位找到了小信。

C 案例：小信平时诚实守信，有一次去小明的便利店购买商品，但恰巧忘带钱包，于是小明让他写下欠条，等付清后归还欠条。

D 案例：小信是国内某知名学习网站的 VIP 会员，能登录网站学习所购的学习资源，并且该网站具有在突发情况下恢复数据的功能。

E 案例：某网络安全部门，能对网络中传输的信息与内容进行有效地控制，确保信息控制在一定范围和空间内传输。

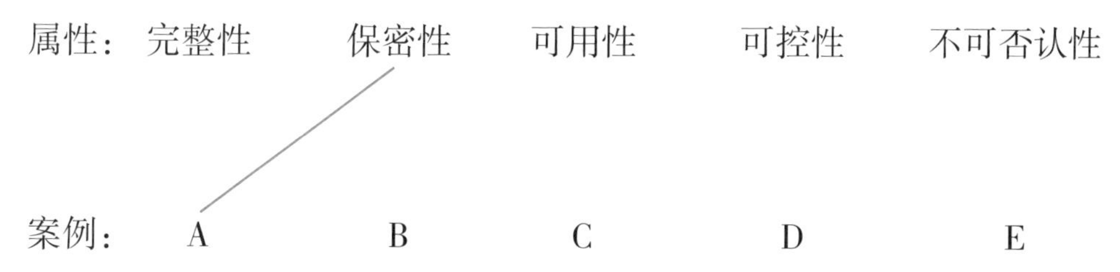


3. 在个人信息安全方面，你做到了哪些呢？在表 7-1-2 中对自身的信息安全素养做一个完整评价吧。

表 7-1-2　自身信息安全素养评价

| 信息安全你意识到了吗？ | 自我评估（打“√”） |
| --- | --- |
| 你认为哪些信息重要 | A. 个人基本信息　B. 家庭住址　C. 联系方式<br>D. 上网记录　E. 家庭状况　F. 医疗信息<br>G. 经济状况　H. 数据资料　I. 其他 |
| 你可能通过哪些途径留下个人信息 | A. 网站注册　B. 手机银行　C. 交友网站<br>D. 游戏软件　E. 其他 |
| 在网络上填写信息时，你会怎么做 | A. 全部如实填写　B. 选择性填写<br>C. 不填　D. 填写虚假信息<br>E. 根据不同网站性质与需要填写 |

续表

| 信息安全你意识到了吗? | 自我评估（打“√”） |
| --- | --- |
| 当接收到陌生的中奖信息或求助信息需要你留下信息时，你会怎么做 | A. 全部留下　B. 选择性留下　C. 不会留下 |
| 你的计算机和手机设置密码了吗 | A. 有　B. 一部分重要信息有　C. 完全没有 |
| 你是否会定期更新计算机或手机密码 | A. 会　B. 不会 |
| 你是否将银行卡和身份证放在一起 | A. 一直是　B. 分开放　C. 偶尔放在一起 |
| 你是否将信息存放在网络存储空间上 | A. 存放重要数据　B. 存放不重要数据<br>C. 全部存放　D. 不存放数据<br>E. 加密存放重要数据 |
| 你是否知道我国有关信息安全与国家安全的法律法规 | 是，填写法律法规名称：<br>否 |

## 探一探

通过网络搜索，了解影响信息安全的方式，填写在表 7-1-3 中。

表 7-1-3　影响信息安全的方式

| 影响信息安全的行为 | 影响的信息安全 | 如何做好防范措施 |
| --- | --- | --- |
| | | |
| | | |
| | | |

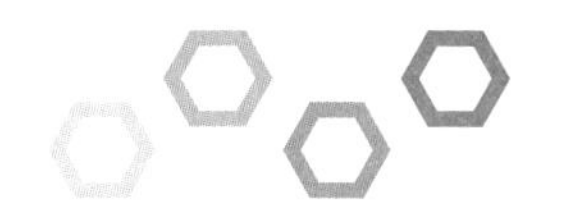



续表

| 影响信息安全的行为 | 影响的信息安全 | 如何做好防范措施 |
|---|---|---|
| | | |
| | | |
| | | |

## 任务2 识别信息系统安全风险

### 练一练

一、单项选择题

1. 李某冒用买家身份，骗取客服审核通过后重置账号密码，删改买家的中差评。本案例中影响信息系统安全的行为属于（　　）。

A. 人为因素　　B. 硬件因素

C. 自然灾害　　D. 系统故障

2. 以下选项中属于人为因素带来信息系统安全风险的是（　　）。

A. 地震　　B. 误操作

C. 黑客入侵　　D. 计算机病毒侵害

3.（　　）是网络和信息系统安全的最大威胁。

A. 自然灾害　　B. 系统漏洞

C. 系统故障　　D. 人为因素

4. 以下属于主动攻击的是（　　）。

A. 邮件监听　　B. 网络嗅探

C. 流量分析　　D. 拒绝服务

5. 人为因素分为恶意攻击和人为失误，以下属于人为失误的是（　　）。

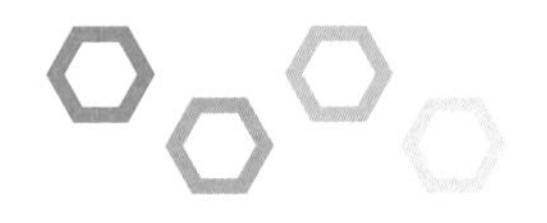

A. 火灾、水灾、地震等灾害引起的数据丢失

B. 信息系统受到来自诈骗团伙的恶意攻击

C. 用户安全意识淡薄，将账号、密码泄露给他人

D. 信息系统发布后，系统中的漏洞暴露引发信息安全风险

二、填空题

1. 腐蚀、冰冻、电力供应中断、电信设备故障、电磁辐射、热辐射等环境因素也会导致基本服务中断、________故障甚至瘫痪。

2. 漏洞是指信息系统中的软件、硬件或________中存在缺陷或不适当的配置，从而可使攻击者在未授权的情况下访问或破坏系统，导致信息系统面临安全风险。

3. 常见漏洞有________、弱口令漏洞、远程命令执行漏洞、权限绕过漏洞等。

三、判断题（正确的打“√”，错误的打“×”）

(　　) 1. 主动攻击是在不影响正常数据通信的情况下，用搭线监听、侦听电磁泄漏、嗅探、信息收集等手段窃取系统中的信息资源或对业务数据流进行分析。

(　　) 2. 人为因素不会造成严重的信息系统安全风险。

(　　) 3. 与他人共享密码，不会带来信息安全威胁。

## 做一做

随着现代化信息系统的普及，信息系统所承载的信息量随着系统运行时间的增长而逐级递增，伴随而来的是各种各样的安全风险。安全威胁可以针对物理环境、通信链路、网络系统、操作系统、应用系统和管理系统等。

1. 根据课本联系生活中的实际案例，总结信息系统存在的威胁，填写在表 7-1-4 中。

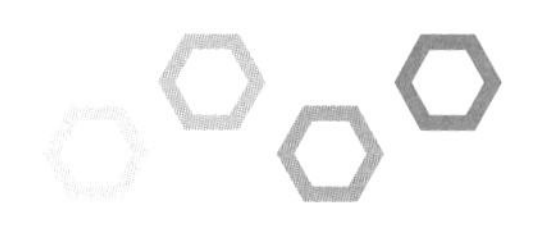



表 7-1-4 信息系统威胁

| 威胁类型 | 组成 | 举例 |
| --- | --- | --- |
| 自然灾害 | | 1. ________<br>2. ________<br>3. ________ |
| 系统漏洞和故障 | 漏洞 | 1. ________<br>2. ________ |
| | 故障 | 1. ________<br>2. ________ |
| 人为因素 | 恶意攻击 | 1. ________<br>2. ________ |
| | 人为失误 | ________ |

2. 在实际生活中，信息系统面临各种各样的安全风险，请根据以下事件描述，辨别常见信息安全事件。

（　　）小信的母亲没有为自己的手机设置密码。

（　　）通信线路中断导致小信开发的网站无法访问。

（　　）小信第一次尝试自己开发并发布网站，但是网站经常受到攻击，导致网站瘫痪。

（　　）小信开发的网站为管理员设置的密码是 123456，方便登录更新信息。

（　　）小信单位遭到勒索软件攻击，被迫关闭了所有分支机构。

（　　）一场暴风雨，导致某信息中心大面积进水，数据服务器损坏。

A. 人为失误　　B. 恶意攻击

C. 自然灾害　　D. 系统漏洞和故障

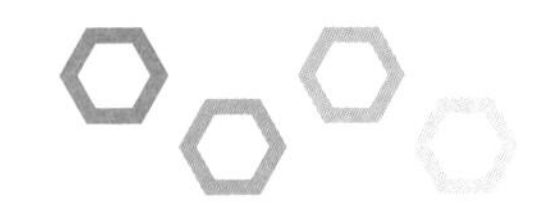

## 探一探

查询手机应用权限，通过网络搜索了解权限的作用，并关闭有安全风险的权限，填写表 7-1-5。

表 7-1-5　应 用 权 限

| 手机应用 | 开设权限 | 可关闭权限 | 关闭原因 |
| --- | --- | --- | --- |
| 微信 | | | |
| 支付宝 | | | |
| 抖音 | | | |
| 今日头条 | | | |
| 淘宝 | | | |
| 腾讯视频 | | | |
| | | | |
| | | | |
| | | | |

## 任务 3　应对信息安全风险

## 练一练

一、单项选择题

1. 在参加聚会后，发现手机信息被盗，可能的原因是（　　）。

A. 使用商家的二维码付款　　B. 在餐厅使用手机

C. 连接不安全的 WiFi　　D. 添加微信好友

2. 以下操作中，可能影响信息安全风险的是（　　）。

A. 使用手机 app 听音乐　　B. 开启 Windows 系统防火墙

C. 打开网页弹窗中的链接　　D. 开启系统自动更新功能

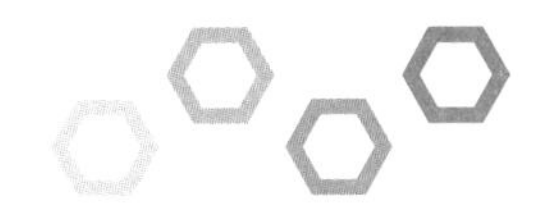



3. 为保护个人信息，收到快递后应（　　）。

A. 将快递上的个人信息销毁

B. 将快递包装丢进垃圾桶

C. 将快递包装放置于公共区域

D. 快递上无重要个人信息，不特殊处理

4. 以下不属于个人信息的是（　　）。

A. 个人身份证件　　B. 个人书籍

C. 家庭地址　　D. 电话号码

二、填空题

1. 从法律体系、自律机制、管理标准、组织结构、________等多个层面构建起信息安全保障体系，才能从根本上遏制系统性风险。

2. 自主可控包括知识产权自主可控、能力自主可控、________可控等多个层面。

3. ________是以电子或其他方式记录的能够单独或者与其他信息结合识别特定自然人的各种信息。

4. 在网络空间上，我们应该做到学习法律法规、________、增强维权意识。

三、判断题（正确的打“√”，错误的打“×”）

（　　）1. 在网络购物时，遇到假冒伪劣商品，可与商家反馈退货。

（　　）2. 网络是自由开放的，在不被任何人发现的情况下，可以破坏网络。

（　　）3. 在使用身份证复印件时，不需要在复印件上写明用途。

## 做一做

如何有效防范信息安全风险被信息社会的各个领域所重视。在一个网络环境里，数据信息的保密性、完整性及可使用性得到保护可以阻断各种外部的安全威胁，并通过提高信息安全技术和管理水平防范安全风险。

1. 将表 7-1-6 信息按信息类别分类，填入对应的栏目内。

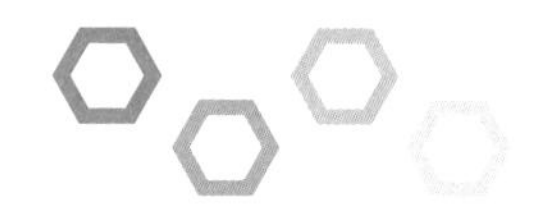

表 7-1-6　信 息 分 类

| 序号 | 信息 | 序号 | 信息 |
| --- | --- | --- | --- |
| A | 姓名 | L | 第三方支付账号 |
| B | 身份证号码 | M | 社交账号 |
| C | 电话号码 | N | 通信录信息 |
| D | 家庭住址 | O | 通话记录 |
| E | 职业 | P | 个人视频、照片 |
| F | 工作单位 | Q | 好友关系 |
| G | 位置信息 | R | 家庭成员信息 |
| H | WiFi 列表信息 | S | 上网时间 |
| I | CPU 信息 | T | 聊天交友信息 |
| J | 内存信息 | U | 网站访问行为 |
| K | 网银账号 | | |

个人信息（　　　　　　　　　　　　　　　　　　）；

设备信息（　　　　　　　　　　　　　　　　　　）；

账户信息（　　　　　　　　　　　　　　　　　　）；

隐私信息（　　　　　　　　　　　　　　　　　　）；

社会关系信息（　　　　　　　　　　　　　　　　）；

网络行为信息（　　　　　　　　　　　　　　　　）。

2. 在生活和工作中，一些微小的行为都有可能造成信息安全事故，填写表 7-1-7，进行信息安全行为的判断。

表 7-1-7　信息安全行为判断

| 行为描述 | 是否正确<br>（正确打“√”，错误打“×”） | 错误的理由 |
| --- | --- | --- |
| 随意转发陌生人的链接 | | |
| 定期更新杀毒软件 | | |
| 将重要文件保存至云存储中 | | |

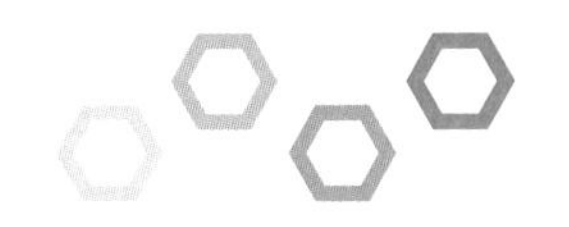



续表

| 行为描述 | 是否正确<br>（正确打“√”，错误打“×”） | 错误的理由 |
| --- | --- | --- |
| 扫描火车站、超市门口等公共场所的二维码 | | |
| 定期更新账号密码 | | |
| 随意连接免费 WiFi | | |
| 离开计算机时不锁屏 | | |
| 随意通过网页下载手机应用 | | |

3. 我国互联网和信息化发展成就瞩目，网络走入千家万户。国家出台了许多的信息安全法律法规，请在表 7-1-8 中补充对应的来源，并梳理相关法律法规，在图 7-1-1 时间轴上填写信息安全法律法规与年份。

表 7-1-8　信息安全法律法规

| 序号 | 名称 | 来源 | 生效 / 实施日期 |
| --- | --- | --- | --- |
| 1 | 《关于维护互联网安全的决定》 | 中华人民共和国第九届全国人民代表大会常务委员会第十九次会议通过 | 2000 年 12 月 |
| 2 | 《商用密码管理条例》 | 中华人民共和国国务院令（第 273 号） | 1999 年 10 月 |
| 3 | 《计算机病毒防治管理办法》 | 中华人民共和国公安部令（第 51 号） | 2000 年 4 月 |
| 4 | 《中华人民共和国电子签名法》 | 中华人民共和国主席令（第十八号）<br>中华人民共和国第十届全国人民代表大会常务委员会第十一次会议通过 | 2005 年 4 月 1 日 |
| 5 | 《中华人民共和国计算机信息系统安全保护条例》 | 中华人民共和国国务院令（第 147 号） | 1994 年 2 月 |
| 6 | 《计算机信息网络国际联网安全保护管理办法》 | 中华人民共和国公安部令（第 33 号） | 1997 年 12 月 |

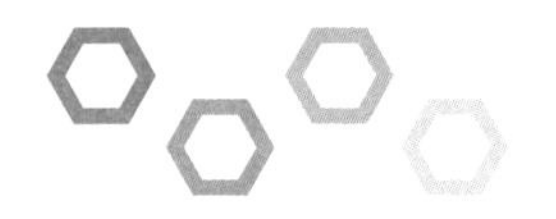

续表

| 序号 | 名称 | 来源 | 生效 / 实施日期 |
|---|---|---|---|
| 7 | 《计算机信息系统安全等级保护通用技术要求》 | | 2002 年 7 月 |
| 8 | 《信息技术 安全技术 信息安全事件管理指南》 | | 2007 年 9 月 |
| 9 | 《中华人民共和国网络安全法》 | | 2017 年 6 月 |
| 10 | 《信息安全技术 – 网络安全等级保护基本要求》 | | 2019 年 12 月 |

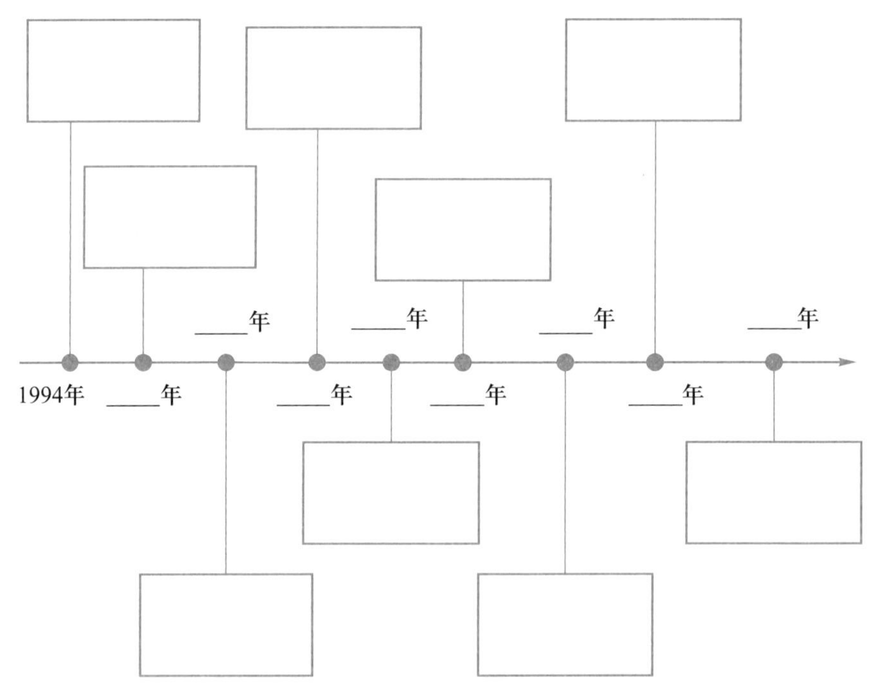


图 7–1–1　信息安全法律时间轴

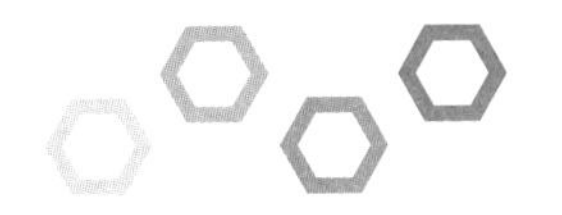



探一探

通过网络搜索手机安全设置的功能，填写表 7-1-9。

表 7-1-9 手机安全设置

| 序号 | 功能 | 简述作用或安全隐患 |
| --- | --- | --- |
| 1 | 锁屏设置 | |
| 2 | 软件权限设置 | |
| 3 | 开启“手机丢失”功能 | |
| 4 | 浏览器无痕浏览 | |
| 5 | 导航类软件关掉“我的足迹” | |
| 6 | 微信 | |
| 7 | 禁止安装不明来源软件 | |
| | | |
| | | |
| | | |

# 7.2 防范信息系统恶意攻击

【学习目标】

1. 了解网络安全等级保护和数据安全等相关的信息安全制度和标准。

（1）了解网络安全等级保护的主要内容；

（2）了解信息安全保护的五个等级；

（3）了解信息安全标准。

2. 了解常见信息系统恶意攻击的形式和特点，初步掌握信息系统安全

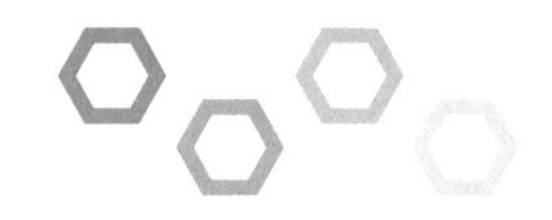

防范的常用技术方法。

（1）了解信息系统恶意攻击的形式和特点；

（2）了解和掌握基本的网络信息攻击应对策略；

（3）掌握简单的信息系统安全防范技术方法。

## 任务 1　辨别常见的恶意攻击

### 练一练

一、单项选择题

1. 为了降低黑客攻击行为给用户带来的不良影响，用户需要（　　）。

A. 尽量不使用电子邮件

B. 删除所有电子邮件

C. 安装安全软件并自动更新

D. 不暴露自己的 IP 地址

2. 黑客利用学生安全意识薄弱，密码设置简单，生成密码字典进行密码猜测攻击，这种入侵方法属于（　　）。

A. 病毒攻击　　B. 口令攻击

C. 僵尸程序　　D. 拒绝服务攻击

3. 以下设置密码的方式中，最安全的是（　　）。

A. 用自己的电话号码

B. 用小写字母

C. 用大小写字母和数字的组合

D. 用自己的姓名拼音

4. 未经授权的情况下，在信息系统中安装、执行以达到不正当目的的代码是（　　）。

A. 反病毒代码　　B. 恶意代码

C. 安全防护代码　　D. 登录代码

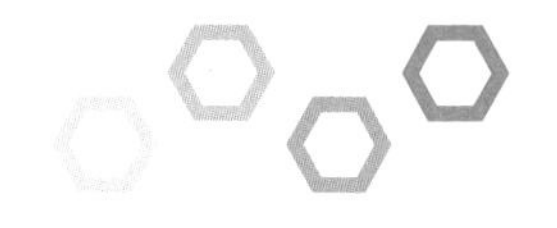



5. 实现自我复制和广泛传播，以占用系统和网络资源为主要目的的恶意代码是（　　）。

A. 黑客　　　　B. 蠕虫

C. 木马　　　　D. 僵尸程序

二、填空题

1. 攻击者可从用户主机中获取口令，通过________监听截获用户口令或者通过远端系统破解用户口令。

2. ________是以盗取用户个人信息，甚至是远程控制用户计算机为主要目的的恶意代码。

3. 最常见的计算机恶意代码有________、________、________和病毒等。

4. 木马可以分为盗号木马、________、窃密木马、________、________、________和其他木马。

三、判断题（正确的打“√”，错误的打“×”）

（　　）1. 口令攻击是黑客最常用的入侵方式之一。

（　　）2. 多种口令验证的过程是用户在本地输入账号和口令，经传输线路到达远端系统进行验证。

（　　）3. 恶意代码攻击是向某一目标信息系统发送密集的攻击包，以期致使目标系统停止提供服务。

## 做一做

恶意攻击是针对计算机或信息系统有计划地更改、破坏或窃取数据，以及利用或损害网络的行为。随着近年来业务数字化，恶意攻击一直在增加，无论是窃取数据还是网络崩溃，带来的影响和损失是巨大的。如何使信息系统免受来自互联网的攻击已成为社会各界密切关注的焦点。

1. 各种类型的恶意攻击都有它们的标志性特征，请分析各种恶意攻击类型的分类和特点，并将表 7-2-1 填写完整。

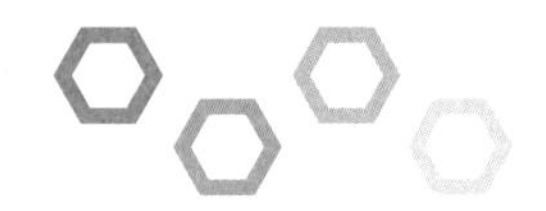

表 7-2-1　恶意攻击特点

| 恶意攻击类型 | 分类 | 特点 |
|---|---|---|
| 口令攻击 | | |
| 恶意代码攻击 | 木马 | |
| | | |
| | | |
| | 病毒 | |

2. 根据案例描述填写恶意攻击类型。

A. 口令攻击　　B. 恶意代码攻击　　C. 拒绝服务攻击

（　　）攻击者通过一些工具程序暴力破解用户的密码，进行非法操作。

（　　）病毒利用本地的互联网访问权限连接服务器，频繁对网络服务器发起恶意攻击。

（　　）攻击者对服务器发起许多虚假请求，使得服务器几乎不可能及时地响应来自用户的正常请求。

3. 如何针对一些典型的恶意攻击设置有效的识别和防范方式是需要考虑的重要问题。请填写表 7-2-2，完成密码设置情况调查。

表 7-2-2　密码设置情况调查

| 序号 | 建议 | 是否满足（满足打“√”） |
|---|---|---|
| 1 | 长度不少于 8 个字符 | |
| 2 | 混合使用小写字母、大写字母、数字和特殊字符 | |
| 3 | 不使用跟本人相关的字词或日期 | |
| 4 | 发现可疑情况及时更改密码 | |

### 探一探

密码等级可按一定规则进行计分，并根据不同的得分为密码划分安全等级。根据密码使用情况，进行自我评分，为电子设备的密码划分安全等级，填写表 7-2-3。

表 7-2-3 电子设备密码等级自评表

<table>
<tr><th>序号</th><th colspan="5">计分规则</th><th>自我测评分值</th></tr>
<tr><td>1</td><td>密码长度</td><td colspan="4">5 分：小于等于 4 个字符<br>10 分：5 ~ 7 字符<br>25 分：大于等于 8 个字符</td><td></td></tr>
<tr><td>2</td><td>字母</td><td colspan="4">0 分：没有字母<br>10 分：全都是小（大）写字母<br>25 分：大小写混合字母</td><td></td></tr>
<tr><td>3</td><td>数字</td><td colspan="4">0 分：没有数字<br>10 分：1 个数字<br>20 分：多个数字</td><td></td></tr>
<tr><td>4</td><td>符号</td><td colspan="4">0 分：没有符号<br>10 分：1 个符号<br>25 分：多个符号</td><td></td></tr>
<tr><td>5</td><td>附加</td><td colspan="4">2 分：包含字母和数字<br>3 分：包含字母、数字和符号<br>5 分：包含大小写字母、数字和符号</td><td></td></tr>
<tr><td colspan="6">合计总分</td><td></td></tr>
<tr><td colspan="7">评分等级</td></tr>
<tr><td colspan="2">90 ~ 100</td><td>80 ~ 89</td><td>70 ~ 79</td><td>60 ~ 69</td><td>50 ~ 59</td><td>25 ~ 49</td><td>0 ~ 24</td></tr>
<tr><td colspan="2">非常安全</td><td>安全</td><td>非常强</td><td>强</td><td>一般</td><td>弱</td><td>非常弱</td></tr>
</table>

## 任务 2 掌握常用信息安全技术

### 练一练

一、单项选择题

1. 下列选项中不属于信任物身份验证的是（　　）。

A. 钥匙串　　B. U 盾

C. 智能卡　　D. 数字证书

2. 建议使用长口令的原因是（　　）。

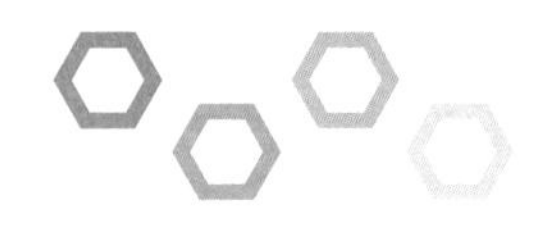

A. 长口令不会被破解　　B. 长口令难以破解

C. 系统设置需要　　D. 长口令能阻止破解程序运行

3. 下列选项中不属于安全软件的是（　　）。

A. 360 安全卫士　　B. 华为电脑管家

C. 腾讯电脑管家　　D. Flash

4. 下列选项中不属于数据加密技术的是（　　）。

A. 数字指纹　　B. 数字签名

C. 数字信封　　D. 密码锁

5. 最常用的身份认证技术是（　　）。

A. 口令　　B. 指纹认证

C. 人脸图像识别　　D. 数字签名技术

二、填空题

1. ________是信息安全的第一道防线，用来防止未授权的用户私自访问系统。

2. ________技术可以将信息转换为密文进行传输和保存。

3. ________是设置在内部网络和外部网络之间，用于隔离、限制网络互访从而保护网络的设施。

三、判断题（正确的打“√”，错误的打“×”）

（　　）1. 在特定场合，会使用两组及以上不同的身份验证方式来验证一个人的身份信息。

（　　）2. 在无感支付时代，不需要再使用银行卡、密码等传统方式来验证。

（　　）3. 为防止信息系统中的数据被破坏，可以采用数据加密技术，将数据加密保存在无法修改和读取的设备中。

## 做一做

随着计算机技术的飞速发展，计算机信息安全问题越来越受关注，学习信息安全管理和安全防范技术是非常必要的。掌握计算机信息安全的基本原

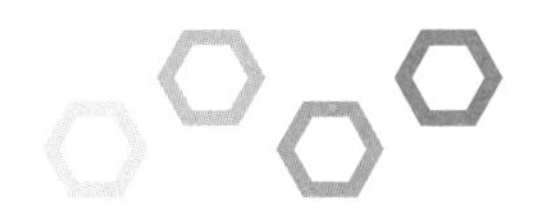



理和信息安全设置、安全漏洞、防火墙的策略与实现、黑客原理与防范，以便能够使信息系统安全稳定地运行。

1. 信息安全技术主要有哪些？请根据案例描述辨别安全技术，完成下列连线题。

| 案例描述 | 安全技术 |
| --- | --- |
| 用户的密码是由用户自己设定的，在网络登录时输入正确的密码，计算机就认为操作者是合法用户 | 数据加密技术 |
| 通过设置软件，能限制用户访问存在安全问题的站点 | 身份验证技术 |
| 移动设备的普及推动手机支付的兴起，支付平台可通过指纹识别技术实现指纹匹配付款 | 防火墙技术 |
| 电子邮箱的密码通过算法转换后存储 | |

2. 目前，生物识别技术是最有效、准确、可靠和快速的用户识别和认证方式。请通过网络搜索，除以下生物特征外，还可以识别哪些，填在下方横线处。

面部：提取眼窝深度，鼻子长度和嘴巴宽度。

声音：提取人的音调、口音、变化、频率、节奏、拐点、语速等的详细度量。

眼睛：提取瞳孔并确定进入眼睛的光量。

手：通过红外线摄像头提取手指、手掌、手背静脉图像。提取手掌的主线、皱纹、细小的纹理、脊末梢、分叉点等特征。

______________________________

______________________________

______________________________

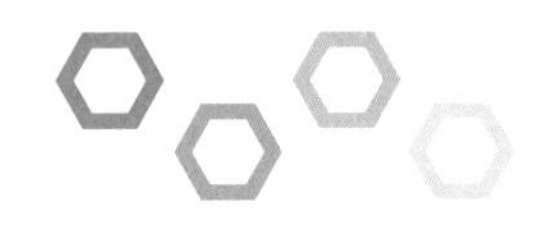

3. 随着互联网的快速发展，计算机信息的保密问题显得越来越重要。密码技术是对计算机信息进行保护的可靠方法，也是防止未经授权的用户访问敏感信息的手段。简单的密码技术如明文密文转换，规则：对于明文中的每个英文字符，密文用字母表中它后 5 位对应的字符来代替，如字母 A 用其后第 5 个字符 F 代替，字母 a 用 f 代替，数字等其他字符保持不变。

（1）明文转密文。

明文：chr1%f，按规则转换后的密文为：________________________。

（2）密文转明文。

密文为：glv1&，按规则转换后的明文为：________________________。

## 探一探

1. 通过网络搜索引擎搜索新型身份识别技术及特征。

a）人脸识别：

b）指纹识别：

c）

d）

e）

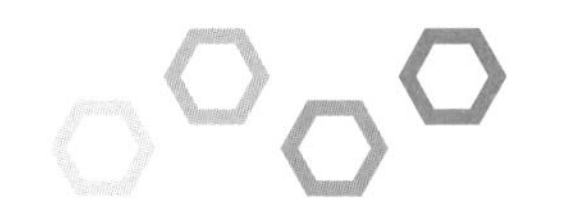



2. 网络搜索相关安全技术的软件或作用，填写至表 7-2-4 中。

表 7-2-4 安 全 技 术

| 名称 | 相关软件或作用 |
| --- | --- |
| 密码技术 | |
| 防火墙技术 | |
| 反病毒技术 | |
| 入侵检测技术 | |
| 虚拟专用网技术 | |
| | |
| | |
| | |

## 任务 3 安全使用信息系统

### 练一练

一、单项选择题

1. 安全保护等级可以分为（　　）级。

A. 二　　B. 三　　C. 四　　D. 五

2. 网络安全通用要求可以细分为（　　）和管理要求。

A. 内容要求　　B. 安全要求

C. 场地要求　　D. 技术要求

3. 信息系统备份策略中，每次只备份与首次备份发生变化的数据的是（　　）。

A. 完全备份　　B. 差异备份

C. 增量备份　　D. 差量备份

二、填空题

1. 安全保护等级中每一等级的安全要求包括安全通用要求、________、

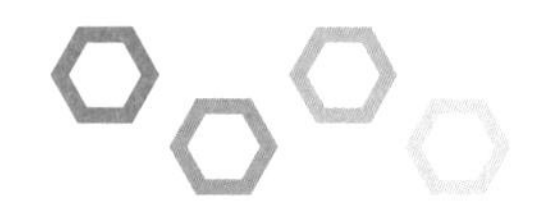

________、物联网安全扩展要求和工业控制系统安全扩展要求等。

2. 数据备份分为________、________和________三种策略。

3. 保护信息安全，除了掌握高超的信息安全技术，还需要周全的安全策略、________。

4. 重要的数据价值连城，________与________是网络与信息安全的重中之重。

三、判断题（正确的打“√”，错误的打“×”）

（　　）1. 使用计算机设备，要尽可能安装防火墙、病毒查杀软件，定时更新和查杀。

（　　）2. 操作系统和应用软件，不需要及时更新。

（　　）3. 可以扫描街头的二维码领取免费礼品。

（　　）4. 在备份数据时，为方便操作，可每次都选择完全备份。

## 做一做

要保障信息系统的安全，除了要有高端的防范技术、周全的安全策略外，还需要开发者、使用者具有充分的安全意识。作为用户，应该安全地使用信息系统，加强自身的信息安全意识，避免因个人失误发生安全事故。

1. 辨别电子设备使用行为是否安全，填写表 7-2-5。

表 7-2-5　电子设备使用行为

| 序号 | 行为 | 判断（认为安全打“√”，不安全打“×”） |
| --- | --- | --- |
| 1 | 经常给计算机操作系统安装非官网下载的补丁包 | |
| 2 | 小信会自己开发手机 APP，常使用 USB 调试模式调试程序，由于经常性使用，USB 调试模式一直开启 | |
| 3 | 不扫描火车站、商场的二维码领取礼物 | |
| 4 | 打开某官方邮箱发过来的网址链接 | |

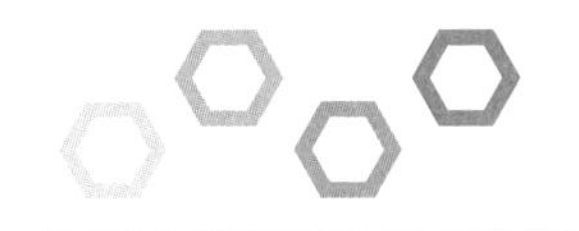



续表

| 序号 | 行为 | 判断<br>（认为安全打“√”，<br>不安全打“×”） |
| --- | --- | --- |
| 5 | 为自己的计算机设置了人脸识别和密码 | |
| 6 | 将自己的 U 盘文件设置了加密 | |
| 7 | 在机场候机室，连接能搜索到的 WiFi 信号 | |
| 8 | 可将自己手机进行数据删除后卖给二手机贩子 | |
| 9 | 从网络上下载操作系统，不安装安全软件 | |
| 10 | 安装破解的反病毒软件，可以节约费用 | |

2. 数据备份是防止出现操作失误或系统故障导致数据丢失，而将全部或部分数据集合从应用主机的硬盘或阵列复制到其他存储介质的过程。讨论表 7-2-6 中各类型信息是否有必要进行数据备份，并选择合适的备份方式。

表 7-2-6 数 据 备 份

| 序号 | 信息类型 | 备份类型 |
| --- | --- | --- |
| 1 | 手机照片 | □无 有：□完全备份 □差异备份 □增量备份 |
| 2 | 计算机工作文件 | □无 有：□完全备份 □差异备份 □增量备份 |
| 3 | 游戏文件 | □无 有：□完全备份 □差异备份 □增量备份 |
| 4 | 服务器数据 | □无 有：□完全备份 □差异备份 □增量备份 |
| 5 | 通讯录 | □无 有：□完全备份 □差异备份 □增量备份 |
| 6 | 个人银行卡信息 | □无 有：□完全备份 □差异备份 □增量备份 |
| 7 | 网站源代码 | □无 有：□完全备份 □差异备份 □增量备份 |
| 8 | 数据库文件 | □无 有：□完全备份 □差异备份 □增量备份 |

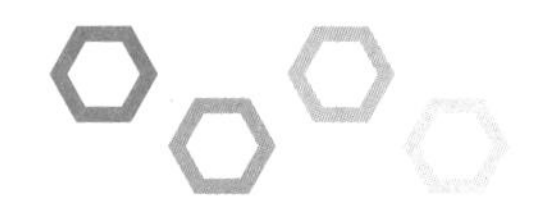

## 探一探

1. 通过网络搜索引擎，查找国产芯片与国产操作系统品牌、型号和生产时间，填入表 7-2-7 中。

表 7-2-7　芯片与操作系统

| 序号 | 产品设备类型、品牌、型号 | 生产时间 |
| --- | --- | --- |
| 1 | | |
| 2 | | |
| 3 | | |
| 4 | | |
| 5 | | |
| 6 | | |

2. 搜索网络安全等级保护制度的具体内容，填入图 7-2-1 框内。

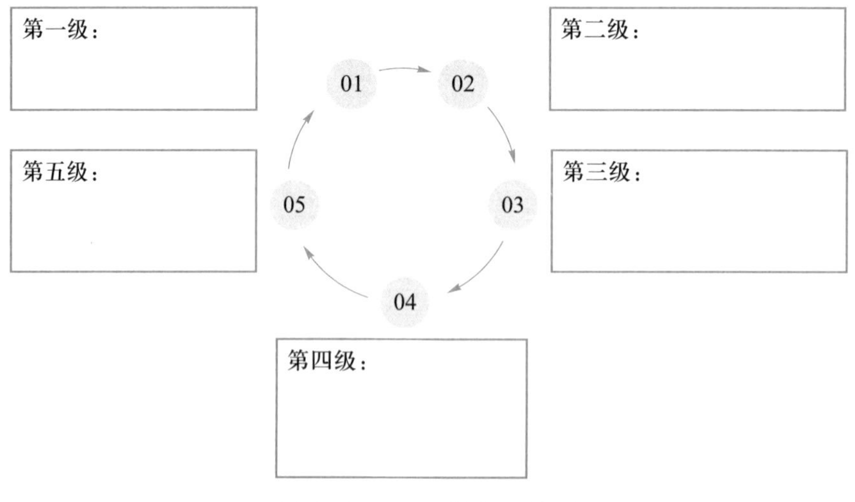


图 7-2-1　网络安全等级

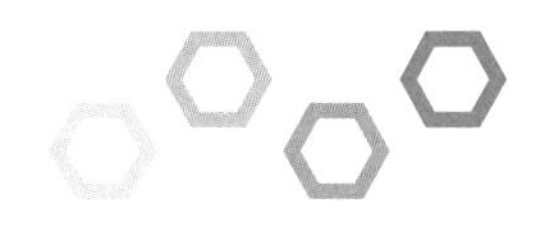



# 单 元 测 验

## 一、单项选择题

1. 黑客行为是（　　）。

A. “善意”探测行为　　B. 违法行为

C. 保护行为　　D. 恶作剧

2. 密码的复杂度很重要是因为（　　）。

A. 防止被破解　　B. 为了符合密码要求

C. 系统强制要求　　D. 能防止破解程序工作

3. 在工作当中，具有“上传下载”的应用存在的风险是（　　）。

A. 病毒木马传播　　B. 身份伪造

C. 机密泄露　　D. 网络欺诈

4. 影响计算机网络安全的因素主要有（　　）。

A. 人为的无意失误、人为的恶意攻击、网络软件的漏洞和“后门”

B. 人为的无意失误、人为的恶意攻击、管理混乱

C. 人为的无意失误

D. 管理混乱

5. 某U盘已感染病毒，为防止该病毒传染计算机系统，下列选项中做法正确的是（　　）。

A. 将该U盘加上写保护

B. 删除该U盘上的所有文件

C. 将该U盘放一段时间后再用

D. 将该U盘重新格式化

6. 下列选项中关于计算机病毒的说法中，错误的是（　　）。

A. 计算机病毒能够自我复制且进行传染

B. 计算机病毒具有潜伏性

C. 计算机病毒是因操作者误操作产生的

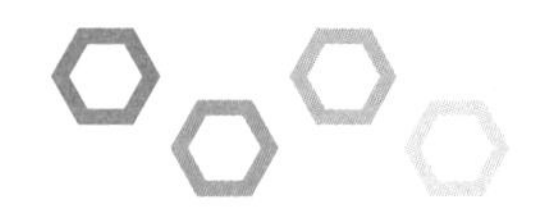

D. 将磁盘格式化能够清除 U 盘中的病毒

7. 下列选项中不属于计算机犯罪行为的是（　　）。

A. 利用计算机网络窃取他人信息资源

B. 攻击他人的网络服务器

C. 私自删除他人计算机内重要数据

D. 清理自己计算机中的病毒

8. 网络安全保护等级中每一等级的安全要求不包括（　　）。

A. 云计算安全拓展要求　　B. 大数据安全拓展要求

C. 移动互联安全拓展要求　　D. 物联网安全拓展要求

9. 下列选项中不属于常用信息系统备份策略的是（　　）。

A. 完全备份　　B. 增量备份

C. 移动硬盘备份　　D. 差量备份

10. 以下不属于影响计算机网络安全主要因素的是（　　）。

A. 不采用最新版本的网络软件

B. 人为的无意失误

C. 人为的恶意攻击

D. 网络软件的漏洞和缺陷

11. 为了预防计算机被计算机病毒感染，下列选项中做法不合理的是（　　）。

A. 不上网

B. 不使用来历不明的光盘、U 盘

C. 经常使用最新版本的杀病毒软件检查

D. 不轻易打开陌生人电子邮件

12. 计算机病毒是一种（　　）。

A. 天然存在的生物病毒

B. 编制具有特殊功能的程序

C. 化学病毒

D. 物理病毒

13. 要通过权威部门获取信息，不要轻信谣言，这说明要从信息的

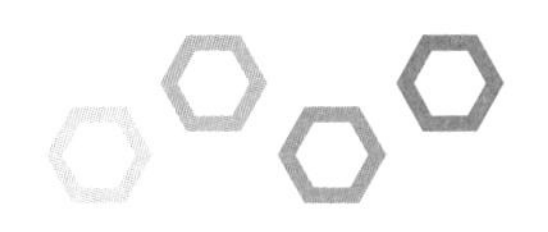



(　　) 方面判断其价值。

A. 价值取向　　B. 来源

C. 时效性　　D. 多样性

14. 下列选项中不属于信息安全所面临的威胁的是（　　）。

A. 黑客的恶意攻击

B. 恶意网站设置的陷阱

C. 信息访问需要付出高昂的费用

D. 用户上网产生的不良行为

15. 下列选项中最不安全的数据备份方法是（　　）。

A. 将数据备份到计算机的其他盘符

B. 将数据备份到百度网盘中

C. 将数据备份到 U 盘中

D. 将数据备份到其他计算机上

二、填空题

1. ________是指信息系统中的软件、硬件或通信协议中存在缺陷或不适当的配置，从而使攻击者在未授权的情况下访问或破坏系统。

2. ________通过各种方式破坏或攻击信息系统。

3. 不能掌握________是信息安全的最大隐患。

4. 自主可控包括________、________、________等多个层面。

5. 公民个人要树立________意识，掌握防范泄密、窃密的基本技能，才可以降低信息泄露风险。

三、判断题（正确的打“√”，错误的打“×”）

（　　）1. 计算机病毒也是一种程序，它在某些条件下激活，起干扰破坏作用。

（　　）2. 我们平常所说的“黑客”与“计算机病毒”其实是一回事。

（　　）3. 信息安全是一项长期且复杂的社会系统工程。

（　　）4. 个人用户也要防范黑客入侵。

（　　）5. 黑客是对计算机信息系统进行非授权访问的人员。

（　　）6. 对非法入侵行为各国的法律都予以惩治。

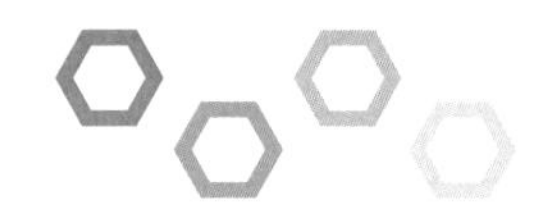

四、操作题

1. 尝试使用文件加密程序，为重要的文件设置密码。

2. 在计算机上安装第三方反病毒软件（如 360 杀毒、电脑管家等）或安全管家，并修补系统漏洞。

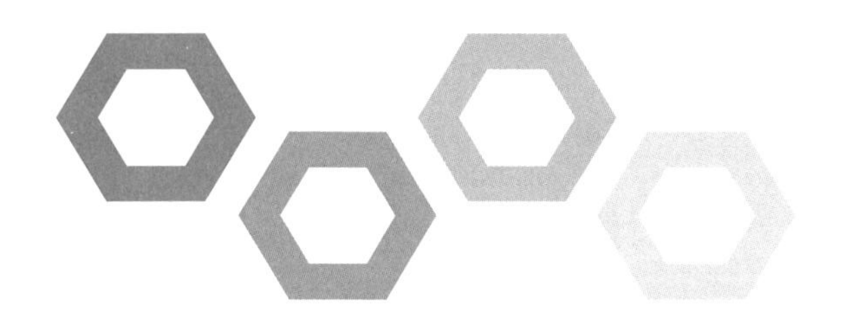

# 第 8 单元　人工智能初步

## 单元目标

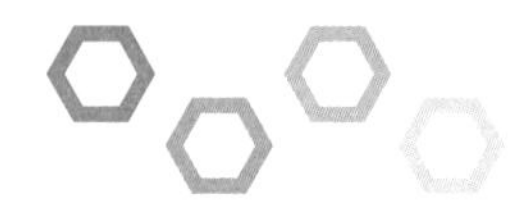

# 8.1　初识人工智能

## 【学习目标】

1. 了解人工智能的发展和应用，认识人工智能对人类社会发展的影响。

（1）了解什么是人工智能；

（2）了解人工智能的发展和应用；

（3）了解人工智能应用对生产、生活方式的影响。

2. 了解并体验人工智能应用。

（1）了解图像识别、语音识别、文字识别、人脸识别等人工智能应用；

（2）体验人工智能应用。

3. 了解人工智能的基本原理。

（1）了解机器学习的分类；

（2）了解机器学习的工作原理。

## 任务 1　揭开人工智能面纱

### 练一练

一、单项选择题

1. 以下属于人工智能应用的是（　　）。

A 计算机与人下棋　　B. 利用计算机播放视频

C. 利用计算机管理图书　　D. 在计算机上编程

2. 人工智能发展的第一阶段是（　　）。

A. 专家系统时代　　B. 符号推理时代

C. 深度学习时代　　D. 机器学习时代

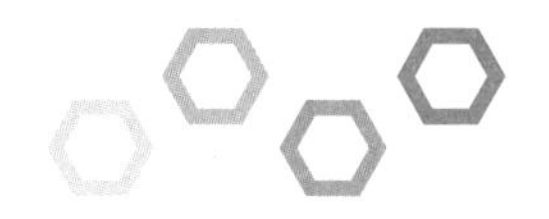



3. 深度学习是一种基于（　　）的无监督学习。

A. 人工智能网络　　　　B. 人工神经网络

C. 人工数据网络　　　　D. 人工学习网络

4. 为了完成深度学习，需要（　　）技术的支持。

A. 大数据和程序设计

B. 大数据和云计算

C. 数据分析和程序设计

D. 数据分析和云计算

二、填空题

1. 人工智能的英文简称为________。

2. 人工智能是一门研究、开发用于________、________和________人的智能的理论、方法、技术及应用系统的新的科学与技术。

3. 人工智能是计算机科学的一个分支，融合了________、________、________和________等多个学科的前沿知识。

4. 机器学习按照学习形式一般可分为________、________和________。

三、判断题（正确的打"√"，错误的打"×"）

（　　）1. 传统的机器学习是半监督学习。

（　　）2. 人工智能的发展从 1980 年开始到现在大致经历了四个阶段。

（　　）3. 有监督学习需要事先定义各种对象的特征。

## 做一做

随着大数据和深度学习等技术的不断进步，人工智能已经走进人们的日常生活。

1. 观看"小剧场"，记录新同学"小娜"能做什么事情。

____________、____________、____________

2. 阅读教材中人工智能原理的描述，总结机器学习形式的分类与特征。

有监督学习的特点：________________________________

________________________________________________

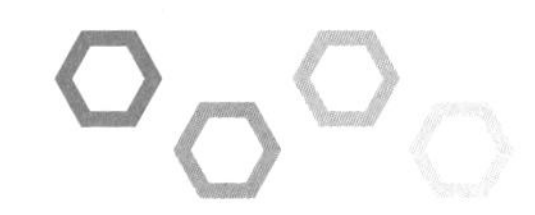

无监督学习的特点：________________________________________

________________________________________

半监督学习的特点：________________________________________

________________________________________

3. 设计“有监督学习”的一个对象特征库。例如：要训练机器进行学习，从而能够智能判别出苹果和橙子。以下有三个特征供参考，请你想想还可以设计哪些特征供机器进行学习，填入表 8-1-1。

表 8-1-1　对 象 特 征

| 特征 | 苹果 | 橙子 |
| --- | --- | --- |
| 形状 | | |
| 颜色 | | |
| 口感 | | |
| | | |
| | | |

4. 全班同学三人一组，分别贴上标签 A、B、C，形成一个图灵测试小组，其中 A 负责提出 6 个问题，B 使用智能手机中的语音助手，C 负责回答 A 的问题。其中 B 和 C 分别要在教室的两端，防止答案互相干扰。

（1）首先在表 8-1-2 中填写本组的 6 个问题。A 同学提出问题告诉 B、C 两位同学并记录在表 8-1-2 中；B 同学通过智能手机的语音助手获得答案，并记录下来；C 同学直接回答问题并将答案记录下来。

表 8-1-2　问 题 记 录

| A 提出的 6 个问题 |
| --- |
| |
| |
| |
| |
| |
| |

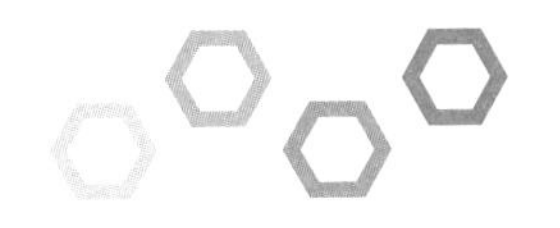



（2）将B、C同学的答案汇总至A同学处，将两组答案隐去回答者信息，填入表8-1-3中，每组得到的答案向全班展示，请同学们分辨人与机器。

表8-1-3 答案记录

| 答案1 | 答案2 |
| --- | --- |
|  |  |
|  |  |
|  |  |
|  |  |
|  |  |
|  |  |

探一探

通过网络查阅人工智能的发展史，并填入表8-1-4中。

表8-1-4 人工智能的发展史

| 阶段 | 年份 | 主要人物或事物 |
| --- | --- | --- |
| 人工智能的诞生 |  |  |
| 人工智能的黄金时代 |  |  |
| 人工智能的低谷 |  |  |
| 人工智能的繁荣期 |  |  |
| 人工智能的冬天 |  |  |
| 人工智能真正的春天 |  |  |

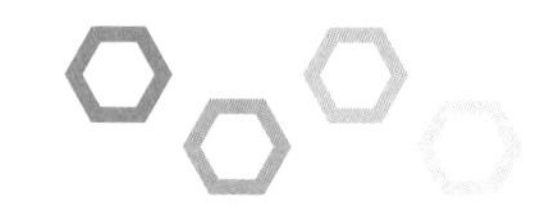

## 任务 2　体验人工智能应用

### 练一练

一、单项选择题

1. 在智能超市购物时，只需将商品放置于感应器件上即可识别出物品名称和数量，使用的技术是（　　）。

A. 机器翻译　　B. 智能识别

C. 智能输入　　D. 手写输入

2. 以下属于人工智能软件的是（　　）。

A. Word　　B. Photoshop

C. OCR　　D. Excel

3. 智能物流是以物联网和（　　）为依托。

A. 区块链　　B. 人工智能

C. 云计算　　D. 大数据

4.（　　）能构建人体内器官的三维模型，利用人工智能技术自动找到医学影像中的重点部位，并进行对比分析，确保手术更加精准。

A. 智慧交通　　B. 智能客服

C. 智慧物流　　D. 智慧医疗

5. 百度识图将手机上拍摄的花朵照片分析出花名使用的技术是（　　）。

A. 以图识图　　B. 以图识文

C. 以图识物　　D. 以图转换

二、填空题

1. ________ 通过对人、车、物、事件、基础设施等感知对象多维时空信息的全面感知、高效共享，对感知信息的融合、挖掘、处理，提升现代城市管理的应急能力和服务水平的管理技术。

2. ________ 是部分网站应用自然语言识别技术为用户提供的在线服务。

3. ________是利用人工智能技术自动找到医学影像中的重点部位，并进行对比分析，智能分析的结果为医生诊断提供参考。

三、判断题（正确的打“√”，错误的打“×”）

（　　）1. 人机对弈属于人工智能的研究领域。

（　　）2. 目前，人工智能的应用还未进入到普通人的日常生活中。

（　　）3. 智慧交通能提升现代城市管理的应急能力和服务水平。

## 做一做

在工作学习中，经常需要整理一些文字较多的笔记，一个一个字写，费时费力。有时我们想要复制粘贴一些杂志、海报或是图片资料上的文字，只能慢慢地去敲键盘，其实只需要掌握图片识别的方法，操作非常省时省力，下面跟着步骤一起学习吧！

1. 利用智能设备实现文字识别，在表 8-1-5 中写下操作流程。

表 8-1-5　文字识别

| 步骤 | 操作 |
| --- | --- |
| 第一步 | 打开摄像机 |
| 第二步 | |
| 第三步 | |
| 第四步 | |
| | |
| | |

2. 利用智能设备实现物体识别，在表 8-1-6 中写下操作步骤。

表 8-1-6　物体识别

| 步骤 | 操作 |
| --- | --- |
| 第一步 | 打开摄像机 |
| 第二步 | 选择 AI 智能识别 |

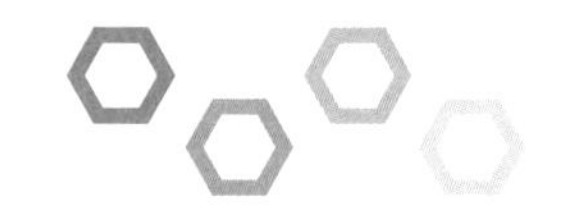

续表

| 步骤 | 操作 |
| --- | --- |
| 第三步 | |
| 第四步 | |
| | |
| | |

3. 利用智能设备实现以图识图，在表 8-1-7 中写下操作流程。

表 8-1-7　以 图 识 图

| 步骤 | 操作 |
| --- | --- |
| 第一步 | |
| 第二步 | |
| 第三步 | |
| 第四步 | |
| | |
| | |

4. 根据人工智能场景描述，选择正确应用场景。

A. 智慧交通　　B. 智能客服

C. 智慧物流　　D. 智慧医疗

(　　) 运用物联网、云计算、自动控制等技术，实现对交通管理、交通运输、公众出行等全过程的管控支撑，使交通系统在区域、城市甚至更大的时空范围具备感知、互联、分析、预测、控制等能力。

(　　) 运用智能硬件、物联网、大数据等技术，实现物流各环节精细化、动态化、可视化管理。

(　　) 运用人工智能、传感器、物联网等技术，实现患者与医务人员、医疗机构、医疗设备之间的互动。

(　　) 运用客服机器人协助人工进行会话、业务处理，从而释放人力资源、提高响应效率。

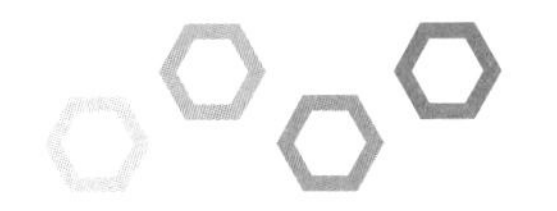



### 探一探

1. 列举人工智能应用场景与作用，填入表 8-1-8 中。

表 8-1-8　人工智能应用场景

| 序号 | 应用场景 | 作用或识别特征 |
| --- | --- | --- |
| 1 | 手机助手 | |
| 2 | 以图识图 | |
| 3 | 智能音箱 | |
| 4 | 智能外呼机器人 | |
| 5 | 声纹识别 | |
| 6 | 语音翻译 | |
| 7 | | |
| 8 | | |
| 9 | | |

2. 尝试使用网络机器人实现五子棋对战。

## 8.2　探寻机器人

### 【学习目标】

了解机器人。

（1）了解什么是机器人；

（2）了解机器人的组成；

（3）了解机器人技术的发展和应用；

（4）了解机器人的系统组成。

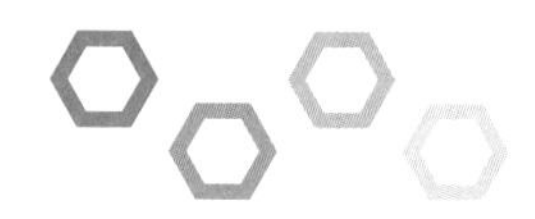

## 任务　走近机器人与畅想未来世界

### 练一练

一、单项选择题

1. 机器人的（　　）装置相当于人的眼睛和耳朵，为机器人在相关的环境中完成工作提供检测信息。

A. 机械结构　　B. 驱动结构

C. 传感装置　　D. 控制系统

2.（　　）是机器人的动力系统，相当于人的血管和心脏，为机器人完成工作提供动力。

A. 机械结构　　B. 驱动结构

C. 传感装置　　D. 控制系统

3. 下列选项中不属于特种机器人的是（　　）。

A. 服务机器人　　B. 智能扫地机器人

C. 军用机器人　　D. 农业机器人

4. 下列选项中不属于机器人开发制作三项原则的是（　　）。

A. 机器人不得伤害人类，或坐视人类受到伤害

B. 机器人必须服从人类的命令，除非这条命令与 A 相矛盾

C. 机器人必须保护自己，除非这种保护与以上 AB 两条相矛盾

D. 机器人不能保护自己，需要无条件服从人类

二、填空题

1. 机器人一般由复杂的________、________、传感装置和控制系统等组成。

2. 机器人的发展，通常分为三代：__________、__________和智能机器人。

3. 我国机器人从应用环境出发，分为________和特种机器人。

4. 特种机器人指用于________并服务于人类的各种先进机器人。

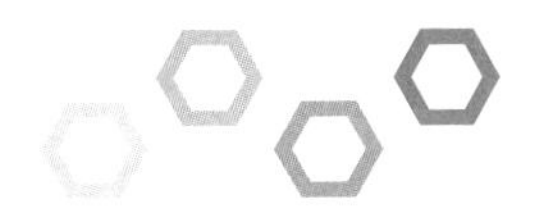



## 做一做

让我们一起进入机器人的世界，了解机器人的前世今生，一起探讨什么是机器人，机器人会代替人类的哪些工作吧！

1. 总结三代机器人的发展特点，填入表 8–2–1 中。

表 8–2–1 三代机器人特点

| 机器人 | 特点 | 举例 |
| --- | --- | --- |
| 第一代机器人 | 示教再现机器，能够运行程序员事先编写好的程序 | 机械臂 |
| 第二代机器人 | | |
| 第三代机器人 | | |

2. 随着人工智能的不断发展，在平常生活中也能看到越来越多的机器人。请罗列生活中的机器人，并说明它们的功能与作用，填入表 8–2–2 中。

表 8–2–2 生活中的机器人

| 机器人 | 功能 | 作用 |
| --- | --- | --- |
| | | |
| | | |
| | | |
| | | |
| | | |
| | | |

3. 传统酒店行业为了减少人工成本，同时提升客户的科技化体验，逐步引入了酒店机器人。未来这一趋势将更加明显，酒店智能化的占比将显著增大。

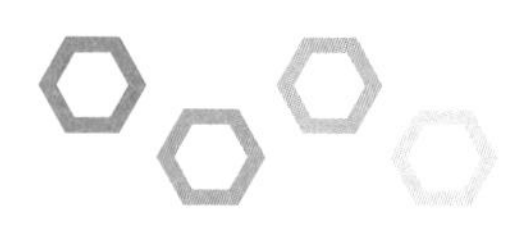

通过以上材料，总结酒店智能机器人的作用。

酒店智能机器人能代替________________________酒店工作人员；

酒店智能机器人能实现________________________________功能；

酒店智能机器人有________________________________传感器。

4. 阅读教材，对工业机器人和特种机器人进行分类，并填写主要功能至表 8-2-3 中。

表 8-2-3　机器人分类与功能

| 机器人 | | 功能 |
| --- | --- | --- |
| 工业机器人 | | |
| | | |
| | | |
| 特种机器人 | | |
| | | |
| | | |

## 探一探

1. 上网搜索目前智能机器人应用场景，填入表 8-2-4 中。

表 8-2-4　智能机器人应用场景

| 领域 | 智能机器人种类 |
| --- | --- |
| 生活方面 | 扫地机器人； |
| 出行 | 智能汽车； |
| 办公 | |
| 教育 | |
| 服务 | |
| 生产 | |
| 社会安全 | |

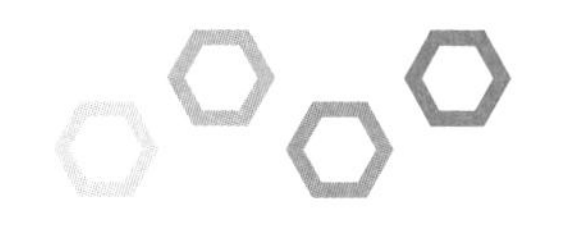



2. 畅想未来，人工智能能为我们做什么？填写表 8-2-5。

表 8-2-5 人工智能应用

| 领域 | 人工智能能做什么？ |
| --- | --- |
| 生活方面 | 烹饪机器人实现自动做饭；<br>家庭保姆机器人，管理家庭；<br>______<br>______<br>______ |
| 出行 | ______<br>______<br>______ |
| 办公 | ______<br>______<br>______ |
| 教育 | ______<br>______<br>______ |
| 服务 | ______<br>______<br>______ |
| 生产 | ______<br>______<br>______ |
| 社会安全 | ______<br>______<br>______ |

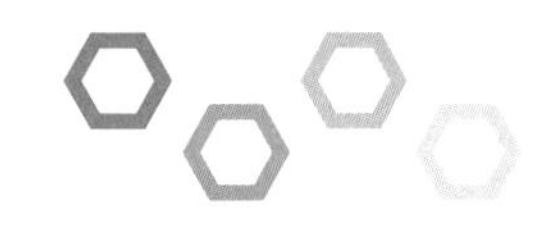

# 单元测验

## 一、单项选择题

1. 下列选项中属于人工智能应用场景的是（　　）。

A. 防盗网　　B. 以图识图

C. 无人驾驶　　D. 语言翻译

2. 人工智能的英文简写是（　　）。

A. CAD　　B. BBA

C. AI　　D. CAM

3. 机器人三项原则中，机器人必须（　　）人类。

A. 控制　　B. 服从

C. 保护　　D. 伤害

4. 可以使用（　　）实现深海作业。

A. 潜水艇　　B. 深海机器人

C. 探测器　　D. 海底电缆

5. 机器人的发展可以分为三代，第三代机器人是（　　）。

A. 示教再现机器人　　B. 传感机器人

C. 酒店机器人　　D. 智能机器人

6. 扫地机器人属于（　　）。

A. 示教再现机器人　　B. 传感机器人

C. 智能机器人　　D. 不属于机器人

7. 以下不属于工业机器人的是（　　）。

A. 移动机器人　　B. 搬运机器人

C. 激光加工机器人　　D. 服务机器人

8.（　　）是机器人的指挥中枢，负责对机器人完成任务提供指令信息，对内部和外面环境信息进行处理，控制机器人进行各种操作。

A. 机械结构　　B. 驱动结构

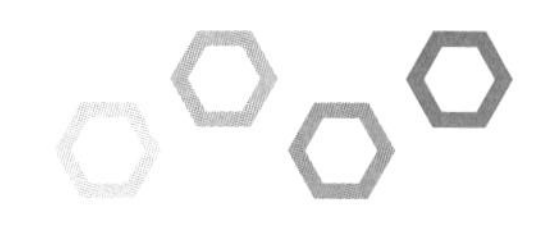



C. 传感装置　　D. 控制系统

9.（　　）是机器人的本体，是机器人赖以完成作业任务的执行机构。

A. 机械结构　　B. 驱动结构

C. 传感装置　　D. 控制系统

10. 人工智能围棋程序“阿尔法狗”战胜人类围棋冠军，属于人工智能第（　　）阶段的应用。

A. 一　　B. 二

C. 三　　D. 四

11. 有监督学习可以通过各种算法，训练计算机识别带标签数据，即训练出一个（　　）。

A. 数据库　　B. 专家库

C. 模型　　D. 程序

二、填空题

1. ________是人工智能的核心内容。

2. 让计算机充满智慧，需要让计算机学会________。

3. ________介于有监督学习与无监督学习之间。

4. 1950 年，计算机科学家________提出了“图灵测试”。

5. 1956 年，________会议上提出“人工智能”，标志着人工智能学科的诞生。

6. 人工智能经历________、________和________时代。

7. 工业机器人是面向工业领域的________或多自由度机器人。

8. 玉兔________月球车于 2019 年 1 月 3 日驶抵月球背面，首次实现人类探测器在月球背面着陆。

9. ________被后人尊称为“人工智能之父”。

10. 机器学习按照学习形式一般可分为________、________和________。

三、判断题（正确的打“√”，错误的打“×”）

（　　）1. 人工智能最终将取代人类，因此要限制其发展。

（　　）2. 太空机器人需要更加智能化，才能在太空行走。

（　　）3. 扫地机器人不属于机器人范畴。

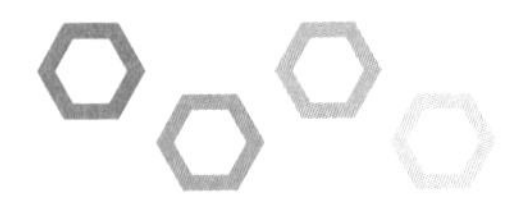

(　　) 4. 有监督学习需要事先定义各种对象的特征。

(　　) 5. 有监督学习不需要人工定义数据之间的规律和特征。

## 四、思考题

1. 简述人工智能的应用场景与发展趋势。

2. 发挥自己的想象，思考机器人是否能具有思维，并说明理由。

## 郑重声明

高等教育出版社依法对本书享有专有出版权。任何未经许可的复制、销售行为均违反《中华人民共和国著作权法》，其行为人将承担相应的民事责任和行政责任；构成犯罪的，将被依法追究刑事责任。为了维护市场秩序，保护读者的合法权益，避免读者误用盗版书造成不良后果，我社将配合行政执法部门和司法机关对违法犯罪的单位和个人进行严厉打击。社会各界人士如发现上述侵权行为，希望及时举报，我社将奖励举报有功人员。

反盗版举报电话　（010）58581999　58582371

反盗版举报邮箱　dd@hep.com.cn

通信地址　北京市西城区德外大街4号　高等教育出版社法律事务部

邮政编码　100120

读者意见反馈

为收集对教材的意见建议，进一步完善教材编写并做好服务工作，读者可将对本教材的意见建议通过如下渠道反馈至我社。

咨询电话　400-810-0598

反馈邮箱　zz_dzyj@pub.hep.cn

通信地址　北京市朝阳区惠新东街4号富盛大厦1座　高等教育出版社总编辑办公室

邮政编码　100029

防伪查询说明

用户购书后刮开封底防伪涂层，使用手机微信等软件扫描二维码，会跳转至防伪查询网页，获得所购图书详细信息。

防伪客服电话　（010）58582300

学习卡账号使用说明

一、注册/登录

访问 http://abook.hep.com.cn/sve，点击“注册”，在注册页面输入用户名、密码及常用的邮箱进行注册。已注册的用户直接输入用户名和密码登录即可进入“我的课程”页面。

二、课程绑定

点击“我的课程”页面右上方“绑定课程”，在“明码”框中正确输入教材封底防伪标签上的20位数字，点击“确定”完成课程绑定。

三、访问课程

在“正在学习”列表中选择已绑定的课程，点击“进入课程”即可浏览或下载与本书配套的课程资源。刚绑定的课程请在“申请学习”列表中选择相应课程并点击“进入课程”。

如有账号问题，请发邮件至：4a_admin_zz@pub.hep.cn。